# 조합의 건강이 농어촌의 미래다

우석(愚石) 정운진 지음

# 조합의 건강과 희망

**초판 1쇄 발행** 2020년 2월 1일

지 은 이   우석(愚石) 정운진
발 행 인   권선복
편     집   오동희
디 자 인   서보미
전 자 책   서보미
발 행 처   도서출판 행복에너지
출판등록   제315-2011-000035호
주     소   (07679) 서울특별시 강서구 화곡로 232
전     화   0505-613-6133
팩     스   0303-0799-1560
홈페이지   www.happybook.or.kr
이 메 일   ksbdata@daum.net

값 20,000원
ISBN 979-11-5602-777-5   (03520)

# 조합의 **건강**이 농어촌의 미래다

정운진 지음

## 조합을 바꾸는 작은 용기!

도서
출판 행복에너지

●

이 책은 조합의 책임경영제를 위해 '상임이사 제도'를 시행하고 있는 조합을 위해 만들었지만, 아직도 '전무'를 두고 있는 조합으로서 합병·합병예정·상임이사제 도입 예정인 조합에도 유익하다. 그리고 현재 경영이 어려운 조합, 자산과 사업규모는 거대하지만 실속이 없고 다양한 문제로 소란과 분쟁이 있는 조합에는 더 좋을 것이다.

또 바빠서 책의 전체를 다 읽을 시간이 부족하거나 없는 분이 핵심만 파악할 수 있게 하고 또 다 읽은 분이 핵심적인 내용만 다시 볼 수 있도록 하기 위해서 '핵심내용', '본문요약', '본문'으로 나눠놓았으니, 앞쪽에 있는 '핵심내용'과 '본문요약'을 잘 활용했으면 한다.

단지 책의 제목만 보고 시골의 5일 장터에서 각설이타령이나 하면서 말장난하는 내용일 거라고 지레짐작해서 생각하면 선입견이다.

그렇다고 미사여구로 포장해 조합을 칭찬할 것이라고 기대해도 실망만 할 것이다. 단지 조합들이 처한 실정을 진솔하게 전하되 유능제강(柔能制剛)의 섭리를 접목하려고 최대한 노력했다.

또 개혁의 처방이라고 하기엔 좀 낮은 수준이라고 평가하며 비웃는다면 큰코다친다. 작은 고추가 맵고 폭탄을 터트리는 폭약은 부드러운 가루다! 당신은 세상의 불의한 것과 부당한 것에 어떻게 대응하고 있는가? 매스컴을 보면 어떤 문제가 생겼을 때 정부나 조직의 요직에 근무하던 사람뿐 아니라 대부분이 주로 윗사람의 지시라고 둘러대는 경우가 많다. 그렇다면 이 말을 떠올려 보라.

"'윗사람의 지시라 어쩔 수 없었다.'고 말하지 말라. 나는 불의한 직속상관과의 불화로 파면과 옥살이를 몇 차례나 하는 불이익을 받았다."

— 이순신

누구나 공익을 위해서 작은 용기는 내야 한다. 용기를 못 냈어도 최소한으로 공감이라도 하는 사람이라면 동의는 표현해야 인간적이다. 다른 사람의 용기에 대한 동의는 양심적인 도리이다. 그리고 수수방관하는 것은 비양심적인 무임승차이고, "행동하지 않는 양심은 악이거나 비겁함이다."

나는 조합을 사랑한다. 진정으로 아껴주고 싶다. 그것은 농어촌을 너무나 좋아하기 때문이다. 조합과 농어촌이 잘살아야 한다. 그러면 우리나라가 자랑스러운 국가가 될 것이다. 당연히 세계적으로도 모범적인 나라로 우뚝 설 것이라 믿어 의심치 않는다. 새마을운동처럼… 현재, 전 세계의 후진국을 개발도상국으로 바꾸고 있는 나라, 원조를 받던 나라에서 원조를 하는 유일한 나라, 그 이름도 찬란한 대한민국! 영원하기를 진심으로 기원한다.

나는 농촌이 좋아서 살고 있고, 오직 조합이 잘되기를 바라며 이 책을 쓴 것이다. 조합이 잘되는 방법을 37년째 연구하고 있다. 정확히는 1983년부터 시작됐다. 솔직하게 처음에는 연구라기보다

인과응보로서 인연을 맺었을 뿐 조합이 뭔지도 몰랐으나 그 씨앗은 너무나 소중했다. 일단 밥 먹고 살기 위해서 인연이 됐는데, 그 당시에 봉급(俸給)으로 받은 내용은 [매월 급여+각종 상여금{분기별 정기상여금(보너스)+반기별 특별상여금(보너스)+사업의 실적에 따른 성과상여금(200~400%까지 인센티브)}+보건단련비+기타{출장비+숙직비+일부 선배들의 대리 숙직비(또 간혹 팁까지)}]이다. 이것을 대충 계산해 보니 월 급여는 적었지만, 월 급여 외 알파가 1,000~1,200% 정도로 많았다. 그래서 너무나 고맙고 감사했다.

지금 돌이켜 보면 웃기는 일이지만, 조합의 봉급 특히 매월 급여를 제외한 나머지 상여금이나 특별한 수당을 지급할 때는 군청 축산계의 결재를 받았던 것 같다. 그때 축산계장으로 근무하던 분이 마침 학교 5년 선배였는데, 점심을 사라고 했다. 그때의 선배는 곧 신(神)이다. 이유가 없다. 불문이다. 식사를 하면서, "5년 선배의 봉급과 신입직원인 내 봉급이 비슷하다."는 것이다. 그러나 실질적으로 보면, 공무원인 선배는 토요일 오후부터 일요일은 물론 각종 국공휴일은 칼같이 챙겼지만, 우리는 365일 24시간 풀타임 근무다. 심지어 명절은 물론이거니와 휴가까지도 선배들의 일정에 따라서 시기와 기간이 언제라도 수시로 조정이 됐다.

그야말로 폼생폼사라는 말과 같이 조합생조합사요, 울고 웃는 인생사라는 노랫말과 같이 조합사의 굴곡에 따라 울고 웃을 수밖에 없었다. 조합은 직장이라는 단순한 개념을 넘어 일과 생활을 함께했기 때문에 인생의 전부였다. 조선시대의 '머슴살이'와 같았다.

기회가 되어 책을 쓴다면 제법 여러 권을 쓸 재료들이다. 그런 가운데도 주경야독과 형설지공(螢雪之功)으로 공부를 하여 늦깎이로 학위를 따고 다양한 분야의 각종 자격증도 많이 취득하였다.

입에 풀칠을 하기 위해 취직을 했던 조합이지만 좀 먹고 살 만하니까 조합의 양지보다는 음지가 차츰 보이기 시작했다. 비도덕적이고 비양심적인 비리나 부정부패 등에 의한 적폐를 보고도 해결할 힘과 용기가 없어서 마음만 힘들고 괴로웠다. 또 축협에서 농협의 상임이사까지 근무하다 보니 농·축협의 전반적인 생리나 여러 분야의 구석구석까지 더 많이 알게 되었다.

알기만 하면 뭐하나 해결을 해야지! "실천하지 않는 지식은 무능·위선·무용지물이고, 행동하지 않는 양심은 비겁함."이기 때문에 큰 용기가 필요하지만 아주 작은 용기라도 있어야 시작한다. 그래서 지금이라도 작은 용기를 냈다. 조합이 반드시 건강해지고 건강을 유지해서 농어촌의 컨트롤타워가 되게 하고 미래가 되도록 하기 위함이다. '애벌레에게는 나비가 될 수 있는 딱 한 번의 기회가 있지만, 그 기회를 놓치면 영원히 나비가 될 수 없는 것'처럼, 전국 방방곡곡 농어촌의 미래가 달린 조합들이 이번에 이 골든타임을 꼭 잡을 수 있도록 다 같이 노력하고 동참해 주시기 바란다!

14년 전(2006년)부터 필자는 총 3회에 걸쳐, 조합의 상임이사로 근무한 적이 있다. 이 상임이사제도는 '필자의 학위논문'과 직접적으로 관련이 있었기 때문에 가장 잘 알고 있었다. 이것이야말로 조합에 꼭 필요하고 매우 훌륭한 제도로서 매력과 기대를 많이 가질 수밖에 없었다.

　그래서 상임이사로서의 역량이 중요하므로 더 많은 것을 배우고 익혀야겠다는 생각만 했다. 하지만 기대가 크면 실망도 크다는 말이 그렇게 딱 맞는 말이 될 줄은 미처 몰랐다.

　그때부터 이 문제에 대한 원인은 무엇이고 근본적인 해결책은 무엇인지를 찾기 위해 부단히 노력을 한 결과 마침내 문제의 핵심적인 원인과 이에 대한 해결책까지도 알게 되었다.

　그리고 상임이사는 기존의 전무(직원)와는 완전히 다른 전문경영인(임원)이다. 그러므로 경영에 대한 전문가로서의 역량과 소임을 다하기 위해서는 반드시 권한과 책임이 있어야 하는데도 현실은 그와 거리가 너무나 멀었다.

　이런 실정을 알고만 있으면 안 되겠다는 생각과, 이 제도가 제대로 운영되어야 조합이 살겠다는 충정으로 모 신문사에 기고를 했었다.

　그러나 조합장들이 반발한다는 이유를 들어 거절하기에, 농어민 관련 다른 신문사에도 보내봤지만 같은 이유를 들어 받아들이지 않았다. 결국 의견을 신문에 싣는 것을 포기할 수밖에 없었다.

그러나 알면서도 그냥 있으면 안 된다는 생각이 지금까지도 여전히 뇌리를 떠나지 않고 있었다. 그동안 많이 망설여도 봤지만 '행동하지 않는 양심은 악'이다. '누구라도 잘못된 것은 바로 고쳐야 한다.'는 작은 용기, 또 '늦었다고 생각하는 때가 가장 빠른 것이다.' 등이 복합적으로 작용하였다. 그리고 무엇보다도 정말로 열정적이고 훌륭한 출판사의 대표님을 알게 되면서 책을 통해서 알려야겠다는 결심을 하게 되었다.

비록 보잘것없고 많이 부족한 책이지만, 이 책을 눈여겨보는 사람이 있어서 조합개혁을 통해 조합원은 물론이고 농어민이 잘살고 농어촌이 발전하는 데 미력하나마 이바지할 수 있기를 바란다.

# 활기찬 조합의 건강과 희망을 위하여

권선복

| 도서출판 행복에너지 대표이사

    귀농, 귀촌이 새로운 트렌드로 각광받는 시대가 도래하였습니다. 많은 사람들이 귀농, 귀촌을 고려하고 있는 한편 농어업이 가지고 있는 가능성이 새롭게 주목받고 있는 현실입니다. 이에 따라 도시와 농어촌을 이어주는 가교 역할을 하는 한편 농어촌에 관련된 많은 문제를 해결하고 개혁하는 역할이 중요해졌습니다.

    그 역할을 담당하는 기관이 바로 '조합'입니다. 그러나 현재 농어촌을 대표하는 조합의 운영에 대해 적지 않은 문제점들이 언론 등을 통해 보도되고 있으며, 해결과 대안이 촉구되고 있는 상황입니다.

    이 책은, 직접 조합에서 근무한 경험을 바탕으로 저자 자신이 보고 느낀 농어촌 조합의 여러 가지 문제점과 그 해결법을 총망라하여 저술한 책입니다. 저자가 지면을 빌어 말하고 있는 것처럼 조합에 대한 사랑이 없다면 이 글을 쓸 수 없었을 것이기에 비판하는 만큼이나 애정도 묻어납니다.

이 책은 조합의 개혁을 위해서 무엇을 해야 하는지 저자 자신의 경험을 통해 깨달은 바를 절실하게 외치고 있습니다. 그것은 바로 '소유와 경영의 분리'입니다. 즉 전문경영인이 대표이사로서 역할을 하고, 조합장은 기존의 기득권을 내려놓아야 한다는 것입니다. 또한 농어촌이 더욱 활성화되고 발전하기 위해서 현실을 냉정하게 분석하고, 효율적이며 올바른 시스템을 도입하는 것이 시급하다는 점을 강조합니다.

이 책에서 이야기하고 있는 조합의 문제점을 들여다보면 하루아침에 일어난 것이 아니라 오랜 세월이 흘러오면서 굳어버린 고질적인 문제라는 것을 알 수 있습니다. 특히 4차 산업혁명의 물결을 농어촌도 피할 수 없는 최근의 상황은 더욱 이 책의 지적과 대안을 필요로 하고 있습니다. 다가오는 미래는 경영에 있어 더욱 복잡한 과제를 제시할 것이 분명하기 때문입니다.

이 책을 읽는 모든 분들의 가슴속에 정의와 희망의 불꽃이 팡팡팡 타오르길 바라며 앞으로도 많은 사람들이 조합에 주목하고 그 개혁에 한몫을 담당하여 저자의 바람대로 행복한 농어업사회가 이루어지기를 소망하는 바입니다!

1. 우리나라 협동조합이 옛날에는 정말 비리가 엄청나게 많았습니다. 전 상임이사께서 나름대로 지금까지 조합의 실상에 대해 조목조목 모든 것을 진솔하게 잘 정리했다고 생각합니다. 이제는 전문경영인에 의한 조합의 경영으로 내실도 튼튼해지는 조합이 될 수 있었으면 합니다. 앞으로는 제발 불법과 비리가 없는 깨끗한 조합이 되었으면 하고, 살기 좋은 농어촌이 되기를 진심으로 바랍니다.

이 책을 통해서 농어촌의 미래 잠재력과 귀농귀촌에 대해서 다시 한번 생각을 하게 됐을 뿐 아니라, 조합의 개혁에 대한 것도 많은 부분에서 전반적으로 공감이 되었습니다. 특히 고사성어가 이렇게 많이 나올 줄은 미처 몰랐습니다. 너무나 정겨운 고사성어와 명언들에 대한 향수가 느껴져서 대단히 좋았습니다.

– 마산시농협 박상진 조합장 –

2. 변화무쌍한 사나이, 언제나 분주하게 바쁜 남자, 전화 통화를 할 때마다 교육을 받는다고 하는 공부벌레, 경제학 박사까지 했으면서도 뭘 그렇게 아직도 공부가 좋은 것인지…? 도무지 이해할 수도 없는 사람, 공부하는 분야도 너무나 다양해서 뭐가 주 전공인지 알 수가 없는 양반….

아무튼 파이팅입니다!!!

이번 기회에 전문경영인에 대한 많은 공부를 한 것 같습니다. 전문경영인이란 것이 그냥 아무나 하는 것인 줄 알았는데요… 정말 깜짝 놀랄 정도였습니다. "성직자들처럼 매일 매일을 자기의 기도와 성찰의 시간에도 많이 할애해야 한다. 그리고 청렴과 덕망을 갖추기 위해서 조금씩 조금씩 아주 조금씩 나아가며 고도의 윤리수준까지 요구받고 있기 때문에, 매우 힘들고도 외로운 길을 각오해야만 하는 것이 바로 전문경영인의 길"이라니까!!!

— 서의성농협 임탁 조합장 —


3. 우리가 살면서 부정부패나 공익비리 등에 대해서 까발리고 싶은 생각은 굴뚝같지만, 실제로 제보를 한다는 것은 상당히 어려운 일이다. 다툼에는 항상 상대가 있고, 그 상대는 생각보다 저질인 데다가 상종하지 말아야 할 사람이거나 재력과 권력을 가지고 있는 사람들이기에 솔직하게 보복이 두려울 때도 있기 때문이다.

국도를 달리다가 가끔 접하는 홍보판에 보면, 국민권익위원회에서 게시한 '세상을 바꾸는 용기, 부패·공익신고 전화 1398, 110.'란 것이 있던데, 필자의 책을 보니 국민권익위원회로부터 대상을 받아야 할 것 같다.

조합의 개혁에 대해서는 대부분 중앙회의 직원들이나 연구소 등에서 이론 위주의 일관된 내용으로 많이 보았으나 이번에 전 상임이사처럼 조합에서 오랫동안 근무하시면서, 그동안의 실질적인 경험을 통해 제시하는 개혁에는 훨씬 더 공감이 많이 간다.

그리고 당연히 전 상임이사의 제안대로 조합장을 비롯한 전 구성원들이 합심단결해서 훌륭한 전문경영인에 의해 조합이 운영되기를 기대한다.

　　　　　　　　　　　　　　　　　－ 불정농협 남무현 조합장 －


4. 조합의 개혁이라는 게 대단히 어려운 줄 알았는데, 전 상임이사의 제안은 대단히 신사적이고 바로 실천이 가능한 것이기 때문에 농어촌에 사시는 농어업인은 물론이고 한창 귀농귀촌을 하는 베이비부머들에게도 상당한 공감을 받을 수 있는 내용이다.

농협이 전 상임이사의 얘기대로 그렇게 내부적으로 어려움이 많고 사회적으로 비판을 받았었다는 것을 왜? 나만 몰랐던 것일까? 할 정도로 새삼스럽게 조합에 대한 새로운 시각을 가지게도 됐지만, 전 상임이사의 주장대로 반드시 책임경영제를 도입하고 일반 기업들처럼 전문경영인이 최고경영자가 되어 정상적으로 잘하면 좋겠다는 생각이다.

- 매전농협 박명수 조합장 -

5. 가끔 농수축협에서의 부정부패, 비리와 관련된 뉴스가 나올 때마다 사회생활이란 것이 다들 비슷비슷한 것이려니 하고 별로 관심이 없었는데, 그 내용들을 한꺼번에 모아서 정리한 것을 보니, 정말 이것은 그냥 사소하게 지나치지 못할 정도로 매우 심각하고 사안들이 중대하므로 제대로 짚고 넘어가야 할 사건들이라는 생각을 했다. 그리고 조합들도 이렇게 전 상임이사의 주장대로 해야겠지만, 사실은 사회의 전반적인 조직 특히 공기업에서도 이러한 내용을 좀 전달해서 이번 기회에 다 같이 개혁들을 좀 하는 계기가 마련되기를 소망한다.

- 군위농협 최준형 조합장 -

6. 책을 읽으면서 전 상임이사가 보기보다 많은 고심으로 인해 많이 늙은 것 같아서 안됐다는 마음이고, 또 한편으로는 깡마른 사람들이 매사에 대한 열정과 강단이 있다고 생각했는데, 역시나 전 상임이사가 조합에 대한 예리한 분석과 정확한 처방을 잘 내렸다고 공감을 하였습니다. 가장 중요한 것은, 그

래도 이렇게 공개적으로 책을 통해서 정정당당하게 밝혀서 농어촌의 발전을 돕고 조합을 개혁하겠다는 진정한 용기에 감동을 먹었다는 것입니다.

- 청도군산림조합 박순열 조합장 -

7. 전 상임이사가 책을 처음으로 내는데도 이렇게 강력한 메시지를 전한다는 것에 놀라움을 금치 못하겠습니다. 그리고 이번이 마지막이 아닐진데 다음부터 나올 책은 어떤 분야에 대해서 어떤 식으로 신랄하게 비판을 쏟아 낼지가 매우 궁금하기도 하고 약간은 두렵기까지 합니다. 그래서 다음부터는 다소라도 수위조절에 많은 신경을 써 주실 것을 당부드립니다.

축협에 근무하다가 명예퇴직을 하고, 농협의 상임이사로 근무한다고 하기에 정말로 실력이 있고 능력이 있는 사람은 다르구나 하면서 부러워했었는데, 3번이나 상임이사를 하면서도 영광과 명예스러운 것보다도 그렇게 고생을 했었다니… 솔직히 내 마음이 더 쓰라리고 가슴이 아픕니다.

- 청도농협 박영훈 조합장 -

8. 책의 중간쯤에 보면, "이것은 조합에 근무를 하면서 쌓인 끈끈한 정과 함께 아직도 못 다한 사랑 때문이다. 아울러 조합에 대해 떨쳐버리지 못할 정도로 연민의 정이 응축된 미련에

의해 강한 책임감이 발동했기 때문이다. 그리고 경영지도사로서 컨설팅 경험을 해 본 경험으로 분석을 하고 진단을 했다."라는 내용이 나온다.

이것을 찬찬히 곱씹어 볼 때, 이것을 제대로 해소해줄 기회가 주어진다면, 그 어떤 전문경영인보다도 더 훌륭한 전문경영인으로서 활동을 재개할 수도 있을 것으로 생각이 든다.

그래서 어느 유행가 가사처럼, '그 누구 없소'가 아니라, '그 어디 없소'로 바꿔서 꼭 필요한 조합에서 궁합을 맞춰 본다면, 반드시 가장 훌륭한 조합이 될 것으로 기대가 된다.

– 청도축협 김창태 조합장 –


9. 글로벌 경제 상황에서 국가적으로도 경제가 매우 어렵기 때문에 조합의 경영 환경은 더욱 더 예측하기도 어렵고 복잡해져 가고 있다는 전 상임이사의 주장에 공감을 많이 하고 있습니다.

특히 경영에 대해 전문가가 아닌 조합장으로서 전문경영인에 대한 남다른 관심과 선발과정에 대한 고민이 깊었었는데, 이번에 전 상임이사가 명쾌한 답을 제시해 주셔서 대단히 고맙게 생각하고 있으며 임직원들과 다 같이 적극적으로 고민을 하겠습니다.

– 서안동농협 박영동 조합장 –

10. 조합의 책임경영제와 전문경영인 제도에 대해 현장에서의 실질적인 내용을 피부로 많이 느끼는 계기가 되었습니다. 그리고 무엇보다도 조합의 전문경영인은 누구보다도 더 행복한 에너지와 긍정의 에너지가 반드시 필요하다고 느낍니다.

이것은 자신을 위해서도 그렇겠지만 "가장 중요한 것은 조합의 최고경영자와 농어촌 지역의 컨트롤 타워로서의 역할을 충실하게 잘하기 위해, 필수불가결하고 막중한 사명을 다하기 위해서이다. 이것을 조합과 농어촌 지역에 아낌없이 팍팍 나누어 주기 위해서 더 많은 노력을 기울여야 할 것이다."라고 하는 대목에서 가장 공감이 많이 됐습니다.

- 구룡포수협 김재환 조합장 -

# 조합의 건강과 미래

조합이 여러 가지의 병(病)(선거후유증, 온갖 부정부패와 비리 등)에 의해, 심각한 합병증으로 중환자가 되어 있다. 혹시 여러분도 이 사실을 알고 있는지…? 지금 알게 되었다면, 어떤 생각이 드는가…?

이것은 가상(假想)이 아니고 현재 사실(Fact)이며, 소설이 아니라 다큐멘터리이다. 혹여 이 책의 내용이 지나치게 과장되었다고 생각하거나, 가짜 뉴스로 여긴다면 그것은 그만큼 조합의 현실을 잘 모른다는 방증(傍證)이다.

누구나 이런 건 악몽이길 바라고 조합이 잘 운영되고 있기를 바란다. 아쉽게도 조합들은 하나같이 겉으로 보기만 멀쩡하고 아무 문제가 없는 것처럼 보일 뿐이다.

또 이런 병(病)은 하나같이 전염성이 있고 잠복기가 있기 때문에, 잠시 주춤하다가도, 언제 또 다시 창궐할지 모르는 시한 폭탄이다.

인터넷에 '농·수·축협조합장, 상임이사 등 관련어'를 쳐보기만 해도 제대로 와 닿고 많이 느낀다. 그러나 이것은 그야말로 빙산의 일각일 뿐이고 실상을 제대로 안다면 정말 할 말이 없을 정도로 기가 막히고 코가 막히는 일들이 차고 넘친다는 사실을 알게 될 것이다.

그렇다고 해서 이런 것들을 다 같이 비난만 하고 언제까지 그냥 내버려 둘 수 있는가? 또 이것을 해결하는 게 그렇게 어려운 일인가? 아니다! 우리가 진정으로 관심을 가지고 협력만 하면 된다.

조합개혁이 힘든 점은 마음을 움직여야 한다는 예민한 문제 때문이다. 그러나 "양심적으로 솔직하게 기득권을 내려놓자."는 분위기만 무르익으면 충분히 극복할 수 있다.

어떤 일이나 모든 병의 후유증을 최소화하는 골든타임이 있는 것처럼 조합개혁도 올해가 골든타임이니까 꼭 놓치지 말아야 한다!

국가가 위태로울 때에 순국선열께서 목숨을 바쳐 지켜 주신 것처럼, 농어민의 조합이 많이 아파서 힘들 때, 농어촌과 조합의 진정한 쾌유(개혁)를 위해서 모두가 발 벗고 앞장서 주시기를 기대한다.

사람들은 대부분 간단명료한 것을 좋아한다.

특히 훌륭한 리더가 되려면 심플하면서도 명확한 소통을 해야 한다. 그래서 세계적인 리더들은 어둠 속 한 줄기 빛과 같은 말씀으로써, 주옥같이 아름다우면서도 서릿발같이 명쾌한 명언들을 많이 전했다. 그중에 몇 가지를 소개하니 자기 자신을 성찰하는 계기가 되고 보다 더 지혜로운 삶을 살아가는 데 교훈이 되기를 바란다.

진정한 리더는 실수를 솔직하게 인정한다.
실수를 절대 감추지 않는다.
최고의 교훈은 실수에서 나온다는 사실을
잘 알고 있기 때문이다.

- 로버트 피스크

사람들은 완벽해지기를 원하지만,
완벽한 사람처럼 매력 없는 사람 또한 없습니다.
실수를 인정하는 것은 무능함의 탄로가 아니라,
인간적 매력을 더하는 것입니다.

내 실수를 정면으로 바라보고
인정할 수 있는 용기를 가져야
비로소 더 크게 성장할 수 있습니다.

-『행복한 경영이야기』 제2176호

솔직하게 약점을 인정하는 태도가 가장 강력한 강점이다.
약점을 인정하는 순간 다른 사람들이 얕잡아 볼 것이라는 생
각은 일종의 강박관념이다.
두려움을 거두고 마음의 문을 열면
인생에서 가장 얻기 힘든 교훈이 찾아온다.
바로 자신의 약점과 한계를 솔직하게 인정하는 태도야말로
가장 강력한 강점이라는 사실이다.
이러한 깨달음은 우리를 자유롭게 한다.

- 조너선 레이몬드

약점을 숨기느라 힘과 노력을 소모할 필요가 없게 된 순간,
내내 우리 안에 잠재되어 있었지만 우리가 미처 깨닫지 못했던 능력
이 각성됩니다.
우리는 자신의 불완전함을 받아들임으로써 그 불완전함을 관리할
수 있습니다.
타인과의 사이에 존재하던 인공적인 장벽도 허물 수 있게 됩니다.

-『2019년 행경 Best』

실수효과를 즐기자
사람들은 완벽한 사람보다
약간 빈틈 있는 사람을 더 좋아한다.
실수나 허점이 오히려 매력을 더 증진시킨다.
이를 '실수효과'라 한다.

- 캐시 애론슨

인간에게 완벽을 바라는 것은
인간이기를 포기하라는 것과 같다.
실수란 불가피한 것이다.
그러니 솔직하게 인정한 뒤,
밤에 발 뻗고 편히 자는 편이 낫다.
때로 실수하고 그것을 인정하는 불완전한 존재여서
좋은 점이 또 있다.
남들이 나의 불완전함을 알면 기뻐한다는 사실이다.

- 노먼 커즌즈

애벌레가 나비가 될 수 있는 딱 한 번의 기회
많은 사람들이 변화에 대한 두려움 때문에
애벌레 상태로 머물러 있다.
안락한 상태를 떠나고 싶어 하지 않는 것이다.

하지만 애벌레가 나비가 되기 위해서는
딱 한 번의 기회뿐이다.
그것은 큰 위기, 즉 작은 죽음으로써 가능하다.

- 티키 퀴스텐마허

변화는 두려움을 수반합니다.
그러나 모든 것을 내려놓고 번데기가 되는 사람,
즉 앞이 보이지 않는 어두운 길로 들어설 용기가 있는 사람
만이 인생의 목표에 도달할 수 있습니다.
급변하는 세상에선 현실에 안주하는 것은
더 큰 위험으로 서서히 빠져드는 것에 다름 아닙니다.

-『행복한 경영이야기』제2601호

| 목차 |

제2장 ... 52

제3장 ... 78

# 핵심내용

미래의 잠재력이 무궁무진한 것은 농어업이고, "민주주의 사회에서 조합보다 더 좋은 것은 없다." 농어촌의 발전과 조합의 개혁을 위해서는 누구라도 앞장서고 작은 용기라도 내야 한다. 고함을 지르고 험악한 분위기나 조성하면 오히려 조합의 개혁은 멀어진다.

조합이 그동안 여러 가지 문제들 때문에 비난도 많이 받았지만, 한편으론 개혁과 혁신을 위해서 오랫동안 공식·비공식적인 조직을 만들어 부단히 노력과 헌신을 한 선배님들 덕분에 이젠 화룡점정(畵龍點睛)만 남았기 때문이다.

그러나 새벽이 가까울수록 더 추운 법이다. 마지막이 가장 중요하고 끝까지 최선을 다해야 한다. 현재 조합은 혁신(革新)보다 개혁(改革)이 딱이다. 그것을 위해 조합의 근간이고 아주 중요하며 훌륭하기까지 한 제도(상임이사제도)가 있지만 형식적으로 운영하다 보니 악순환의 핵으로 변질되어 있다.

그래서 이 제도의 취지와 목적대로 바로잡는 것이 시정조치이고 조합의 건강한 개혁이다. 공연히 새로운 것이나 거창한 제도를 만들기보다 꼭 필요한 핵심을 찾아서 똑바로 운영하는 것이 훨씬 더 효과적이다. 개혁의 핵심을 제대로 찾고, 반드시 실행만 하면 된다.

핵심은 형식적으로 운영되는 전문경영인제도의 근본적인 취지와 목적에 맞게 '소유(자본)와 경영의 분리'를 확실하게 하자는 거다. 심지어 최근에는 한 조합에 상임이사 2명(경제업무, 신용업무)을 운용하는 사태까지 발생했다. "모두 다 같이 양심적으로 솔직하게 기득권을 내려놓자." 또 전문경영인은 지역과는 무관하게 전국구를 바탕으로 뽑고, 오직 자격과 역량 및 성과로 평가돼야 한다. 전문경영인의 인사추천위원회는 반드시 외부의 공인된 전담기구나 TF팀에 위탁해야 한다. 전문경영인은 자질과 역량 및 성과가 중요하지만 행복과 긍정의 에너지도 꼭 필요하다!

이 책에서는 조합의 가장 근본적인 큰 틀에 대해 핵심만 제안했다. 근본을 바로 하지 않고서는 모든 것이 사상누각이므로 그 어떤 훌륭한 제안들도 무용지물이 되기 때문이다. 더 구체적인 사항들은 유능한 전문경영인들이 여건과 역량에 따라 개혁을 완성하고 건강한 조합과 농어촌의 컨트롤 타워로 만들어 가야 할 것이다. 부디 희망찬 농어촌의 미래와 활기찬 조합의 건강한 개혁에 꼭 동참해 주시길 기대한다!

# 본문요약

## 1. 배경

"민주주의 사회에서 조합보다 더 좋은 것은 없다." 미래의 산업으로 잠재력이 무궁무진한 것은 농어업이다. 이것을 계승 발전시켜 나아갈 농어촌에 대해서 많은 관심을 가져라!

"농어업·농어촌에 대한 국민의 의식조사 결과와 '지방 소멸론'을 넘어서 농어촌공동체 재생의 길"이란 주제의 핵심적인 내용을 정리해 보았다.

"농어촌은 정주만족도 상승과 인구의 증대, 새로운 가능성과 기회의 증대로 '지방 소멸론'을 넘어서 지방의 부흥시대 기대", 또 "귀농귀촌의 증대, 정부정책의 복합적인 상승효과 발휘"라는 청사진이 제시됐다.

농어촌의 침체적인 요소를 정비하여 재창조를 위한, 희망과 성장 동력을 만들어야 한다. 농어민의 조합을 중심으로 하는 것이 가장 좋으나, 조합이 겉으로 보기보다 실제로 내실이 튼튼하지 않은 것이 문제다.

농어촌의 컨트롤타워가 되기 위해서는 거기에 걸맞는 역량을 배양하고 키워야 한다. 그리고 먼저 지역사회의 모범은 물론, 안정이 되고 지속가능한 조직이 돼야 함으로, 이를 위해 건강한 개혁을 해야 한다.


## 2. 농어촌 컨트롤 타워

농어업은 국민의 먹거리를 책임지는 산업이고, 농어촌의 쾌적함(amenity)은 국민의 심신건강을 위한 힐링과 관광산업의 중요한 요소나.

이러한 전반적인 요소들을 적절하게 섞고, 도시와 농어촌을 연결하기 위한 계획과 실행을 추진하고 관리하는 주체적 조직이 바로 조합이라야 한다.

그런 컨트롤 타워가 되기 위해, 경영상 안정과 완벽한 실력 및 내공이 필요하다. 또 여러 조직을 컨트롤할 수 있는 전문경영인이 반드시 필요하다.

### (1) 농어업 조직의 합병
① 농어촌 지역은 도시 지역에 비하면 상대적으로 인구가

매우 적은데도 불구하고, 행정기관과 관변 단체가 다양한 편이다. 여러 가지 종교단체를 비롯해서 없는 것이 없을 정도로 많은 단체와 조직이 있다.

이런 조직과 단체들의 목적이나 성격은 엇비슷하다. 지나치게 많을 정도이다.

그래서 관련이 있는 것끼리 합병을 해, 실제로 필요한 조직이자 제대로 할 일을 할 수 있는 조직이 돼야 경쟁력과 상생을 도모할 수 있다.

② 조합의 경우에 농협, 축협, 수협, 산림조합, 인삼조합 등으로 나눠져 있다. 또 농협은 지역농협과 품목농협으로 나눠져 있다. 그리고 정식으로 정부의 인가를 받지 않은 비인가 조합들도 있다. 이렇게 조합들의 숫자는 많은 반면에 개별 조합 즉 면 지역(단위) 조합들은 사업의 규모와 자산이 적고, 경영이 어려워 많은 고생을 한다.

또 수협과 산림조합, 인삼조합들도 비슷한 상황인데, 과연 "농어민을 위해서 이렇게 나눠져 있느냐?"고 반문해 본다면, 절대 아니라고 단언한다.

경영상으로 볼 때, 경영진을 비롯한 책임자들만 많아져서 인건비가 많아짐으로써 비효율적이다. 또 여러 조합으로 쪼개져 있으면 조합원이 이용하기도 매우 불편하다.

그러므로 농어민이 편리하게 이용할 수 있게 하고, 효율성을 높이기 위해 어떻게 해서라도 과감하게 정리하고 조속히 합병을 해야만 한다.

## (2) 합병된 공간의 활용

① 농박 : 일본의 경우처럼, 우리나라도 정부 차원에서 농어
촌 특례법을 만들어 '농박(農泊)'을 활성화하기 위해 부단히 노
력하고 있다.

이 농박은 도시의 현대식 호텔이나 고급 펜션과 같이 인테
리어를 화려하게 하거나 편의시설을 잘 갖추는 것이 아니라,
해당하는 지방의 특징이나 지역의 이미지를 잘 살리는 것이
훨씬 더 중요한 특징이다.


② 공동주택, 공동생활 가정, 고령자 공동생활

고령자 공동생활은 '공동생활 가정'의 일부를 벤치마킹한 형
태로서, 고령자들이 여생을 편하게 보낼 수 있도록 한 방법이다.

다음의 2가지가 고령자들에게 꼭 필요한 요소로서, 고령자
공동생활(高齡者 共同生活)의 핵심이라 할 수 있다.

첫째, 공동식당(公同食堂) 운영. 둘째, 공동농장(公同農場) 운영.

고령자는 혼자 사는 분이 많고, 자식들과도 좀 떨어져서 살
고 싶어 하며, 심신의 건강이 다소 안 좋다는 점 등을 고려한
것인데, 이런 점을 커버하며 모두 어느 정도 스스로 해결할 수
있도록 한 장점을 살린 것이다.

이것과 같은 방법이나 대안들 외에도 얼마든지 다양한 대책
들을 생각하고 새로운 대안들을 만들 수 있다.

다만, 여기서는 총체적이고 촉진적인 방안을 제시한 것뿐이다. 구체적으로는 해당 지역의 여건에 따라 조합을 중심으로 그리고 전문경영인을 비롯한 관계자들의 다양한 아이디어와 연구를 통해 진행될 수 있을 것이다.

## 3. 조합의 개혁 필요성

4차 산업혁명 시대에 외부로는 글로벌 경제로 경영상황이 복잡해 졌으며, 내부로는 조합의 사업규모가 커지고 자산이 많아짐에 따라 경영환경이 어려워졌고, 각종 비리와 부정부패의 만연으로 조합의 지속가능성이 불투명한 상황이므로, 건강한 개혁이 필수적이다.

현 조합의 이러한 여건을 감안할 때 조합의 미래와 발전을 위해 혁신(革新)보다는 현 제도를 제대로 이해하고 실행을 잘하는 개혁(改革), 즉 시정조치(是正措置)가 필요하다.

### (1) 조합장 관련 문제

그동안 조합장은 조합원의 대표이면서도, 온갖 부정부패와 비리에 가장 많이 연루되어 있었다. 그래서 이 모든 문제들의 중심에 서 있다고 해도 과언이 아니다.

각종 매스컴을 통해서 쏟아지고 있는 조합장과 관련한 제목을 보면, '전국 농·수·축협조합장 돈다발 선거', '여직원 성폭행 의혹', '비리 백화점 농·수·축협', '억대 뇌물·성폭력', '도 넘는 농·수·축협 부패', '사전선거운동' 등과 같이 조합의 비리가 어제 오늘 일이 아니고, 온갖 유형의 비리가 끊임없이 터져 나오고 있으며, 거액의 횡령 사건들도 발생했다.

조합장은 조합 개혁을 주도해야 할 사람인데도 불구하고 개혁의 대상이 되어있는 것이 현실이다.

더구나 경영상 외부 환경적인 조건까지도 만만치 않기 때문에 비전문 경영인으로서는 너무나 감당하기가 어려운 상황에 처해 있다. 그래서 경영의 전문가인 전문경영인이 제대로 경영을 함으로써 이 모든 문제의 해결을 주도해야 한다.

조합을 개혁하기 위해서는 먼저 조합장부터 의식개혁을 하고 확실하게 해야 한다. 무엇보다 조합장이 기득권을 내려놓게 해야 한다. 그래야 조합원의 모범으로서 개혁을 선도할 수 있으며, 나아가 제대로 된 효과를 거둘 수 있기 때문이다.

경영전문가가 아닌 조합장이 조합을 효율적으로 경영하는 것은 대단히 어렵다. 그러므로 제대로 개혁하기 위해서는 조합장이 자기가 경영전문가가 아님을 솔직히 인정하고, 조합의 경영을 경영전문가에게 맡김으로써 리스크를 최소화하려는 태도가 필요하다.

## (2) 상임이사 관련 문제

최근에 규모가 큰 조합들에서 이상한 일이 발생했다. 한 조합에 상임이사 2명(경제담당, 신용담당)을 운용하는 사태다. 상임이사제도인 전문경영인제도에 대해 정말 제대로 이해를 못 하고 있는 것이다.

상임이사를 선출하는 과정은 곧바로 조합장 선거의 전초전처럼 인식되고 있다. 이 제도 역시 조합장의 권력 잡기의 연장선상에 있는 것이다. 조합장의 상임이사제도에 대한 의식부족과 제도의 허점 등에 의해 다 함께 비리와 부패의 온상이 되어 왔다.

매스컴의 제목들만 보더라도 '상임이사제 무용(無用), 상임이사제 폐지(廢止)', '상임이사 선출을 위한 인사추천위원에서 조합장 배제', '퇴직을 앞둔 내부 직원들의 잔치로 전락', '상임이사제의 안정적 정착 요원한가?' 등으로 도배가 되고 있는 상황이다.

또 다른 임직원까지 각종 불법과 비리가 산재해 있는 게 더 큰 문제이다.

'농협개혁' 연속 인터뷰: "농협에 과연 희망이 있나?"를 통해서, 전문가들은 운영상 한계는 있지만 한국 농업의 구조상 농어민과 조합은 밀접한 관계라며, 조합 개혁의 필요성을 천명하는 데 한 목소리를 냈다.

## 4. 조합의 건강한 개혁

일반적으로 개혁은 쿠데타보다도 더 어렵다고 할 정도로 매우 힘든 일이다. 때문에 조합의 개혁은 조합과 농어촌을 바꿔야겠다는 작은 용기를 필요로 하는 일이다. 고함을 지르고 험악한 분위기를 조성하면, 오히려 조합을 개혁할 수 없다.

조합개혁을 위해 새 정부가 탄생할 때마다 공약을 하고 시도를 했으며, 또 많은 분들께서 공식·비공식의 조직을 많이 만들어 투쟁하신 숭고한 희생정신 덕분에 이제는 화룡점정(畵龍點睛)만 남았다.

"동 트기 직전의 새벽 시간이 가장 춥다."고 하듯이 개혁도 마지막 고비가 가장 힘든 법이다. 현재 조합은 혁신(革新)보다 개혁(改革)이 딱이다. 개혁은 핵심을 제대로 찾고, 반드시 실행을 해야 한다.

이 책에서는 조합의 가장 근본적인 큰 틀에 대해 핵심만 제안했다. 근본을 바로 하지 않고서는 모든 것이 사상누각이므로 그 어떤 훌륭한 제안들도 무용지물이 되기 때문이다. 더 세부적인 사항은 전문경영인들이 책임지고 컨트롤하여 건강한 조합과 희망찬 농어촌을 만들 것이다.

### (1) 지속가능한 조합

전국 농·수·산림조합의 조합장 중에는 경영에 대한 식견이 높고 경험이 풍부한 분도 있지만, 조합의 자산이 많아지고 경영환경이 복잡해지면서 다양한 리스크가 많아졌기 때문에 직업적인(Pro) 전문경영인도 미래를 예측하고 위기상황에 대응하기가 매우 어렵다.

심지어 전문경영인은 물론이고 다양한 리스크 예방 시스템을 가동해야 할 정도로 복잡하며 미래를 예측하기가 힘든 상황이다. 그래서 조합전문경영인제의 근본적인 취지와 목적에 맞게 제대로 운영되어야 된다.

지속가능경영은 수익증대라는 경영의 가치 외에 경영투명성과 윤리경영을 강조하고, 사회발전과 환경보호에 대한 공익적 기여를 중시해야 이루어진다.

## (2) 농어촌을 관리할 역량 배양

농어촌의 발전은 쾌적성에 기초를 두어 친환경 무공해 농·수산물을 판매하는 한편 지역관광과 연계된 특산물을 타 지역과 구별되도록 하고 그 지역만의 매력을 찾아 새롭게 개발하고 발전하는 주체가 되어야 가능하다.

또 국민의 식량 생산자로서 역할과 농어촌 기업가 및 환경관리자 그리고 지역 전체를 컨트롤하는 전문경영자로서 새로운 역량이 필요하다.

# 5. 조합의 전문경영인 제도

## (1) 조합의 현 상임이사 제도

조합의 책임경영을 위한 이 제도는, 기업의 '전문경영인 제도'를 벤치마킹한 것으로서, '소유(자본)와 경영의 분리'가 핵심이다.

이것은 조합장의 마음을 움직여야 하는 것이기 때문에 예민한 문제이다. 제대로 이해하기 위해서는 본문을 꼭 참고하기 바란다.

기업의 사장과 조합장이 전문경영인에게 맡긴다는 점은 같다. 그러나 실제로 조합장이 마음을 바꾸는 것은 매우 어려울 수도 있다. 또한 조합장의 노력도 중요하지만 구성원과 이해관계자들이 분위기를 만들어야 한다.

근본적인 문제는 이 제도를 형식적으로만 운영했기 때문이다. 그러므로 조합장은 조합원 대표의 역할만 맡고, 전문경영인에게 실질적으로 경영을 맡겨야 한다.

또 조합장은 어느 지역이나 특정 업종에 국한되지만, 전문경영인은 이런 것과는 전혀 무관한 소위 전국구로서, 오로지 전문가로서의 역량과 업적으로만 평가돼야 한다는 것을 분명히 잘 이해하고 실천해야 한다.

그리고 중요한 문제는 '상임이사의 인사추천위원회'이다. 이것을 조직 내에서 구성하고 운영하는 것은, 실리는 없고 명분뿐이다.

그래서 이것도 실질적으로 기득권을 내려놓자고 말하는 것이다. 즉 이 위원회를 직접 운영하지 말고, "외부 공인 전문기구(TF팀: 상공회의소 등의 면접관 전문교육도 받고, 전문경영인을 평가해서 제대로 선발할 수 있는 역량을 갖춘)에 반드시 위탁을 하라."는 것이다.

**(2) 조합의 전문경영인 명칭**

고객과 명함을 교환하거나 소개할 때, 현행대로 '상임이사'라고 하면, 이해를 못 한다. 형식적으로 조합의 전문경영인이라고 하면, 최고경영자인 대표이사로서 전무이사보다도 더 높은 직위인데 전무이사보다도 낮은 상임이사라고 하니까 납득이 안 되는 것이다.

그래서 현재의 상임이사라는 직명을, 일반 기업들과 똑같이, 당장에 "대표이사로 바꿔야 한다."고 강력하게 주장한다.


# 6. 조합의 전문경영인

일반적으로 전문가가 되려면 해당 분야의 책 1백 권 읽기, 학위취득, 자격증 취득 등 한 가지만으로도 가능하다. 그러나 전문경영인은 이 모든 것을 다 하고도 성직자처럼 청렴과 덕망을 갖춰야 하며 고도의 윤리수준까지 요구받기 때문에 매우 힘들고 외롭게 될 것을 각오해야 한다.

## (1) 엄부형의 자질과 역량

조합의 임·직원들이 믿고 따를 만한 아버지와 같은 전문경영인으로서 강력한 업무적 추진력을 갖추고 자질과 역량을 가져야 한다.

## (2) 자모형의 자질과 역량

조합과 같이 고객에게 만족을 넘어 감동을 주어야 하는 조직에서는 직원들 스스로 소신 있게 열심히 일할 수 있는 분위기를 조성해야 한다.

## (3) 엄부자모형 또는 개혁추구형의 자질과 역량

전문경영인 스스로 자기 계발을 철저히 하고 비전을 명확히 제시하며 개혁적인 목표를 추구하고 변화의 촉진과 현장경영을 실천해야 한다.

## (4) 조합의 전문경영인의 역할과 자세

조합의 전문경영인과 관련된 역할을 규정에 명시해야 한다. 그리고 규정에 있는 역할을 성실히 수행해야 한다. 묵시적인 형태의 요구에도 충실해야 한다. 전문지식의 함양과 핵심역량은 물론 경영 합리화와 성과를 높여야 한다.

## (5) 농협 출신 원탁의 CEO, 서두칠의 경영방식

① 한국형 경영 : '정'과 '인간애'를 중시하는 것. 마음을 움

직이고(心), 따뜻한 정을 나누며(情), 기를 발휘할 수 있게(氣) 해 줘야 한다.

② 열린 경영으로 단순한 경영정보의 공개를 넘어 구성원이 서로를 존중하고 신이 나서 일할 수 있는 분위기를 조성해 줘야 한다.

③ 솔선수범은 서두칠 경영철학의 키워드 중에서 가장 핵심적 항목으로 그의 성공은 8할이 솔선수범이다. 그의 삶은 솔선수범 그 자체다.

## (6) 행복 에너지와 긍정 에너지

전문경영인에게 행복하고 긍정적인 에너지는 반드시 필요하고, 이 에너지를 충전하는 것도 좋지만, 조합과 농어촌에 팍팍 나누어 줘야 한다.


## 7. 맺음

일반기업과 같이, "조합의 전문경영인을 최고경영자로, 직명도 대표이사로 한다. 이 대표이사는 외부의 공인 전문기구(면접관 전문교육과 제대로 된 선발을 맡을 역량 있는 TF팀)에서 선발하고 대의원 총회에서만 해임한다."

조합장은 조합원의 대표이고 비상임이며 명예직으로서 "경

42

영에는 일절 관여하지 않는다.”는 조합장의 확고한 의지가 반드시 필요하다.

그래서 현재 조합의 상임이사 제도 핵심인 '소유와 경영의 분리'라는 것을 확실하고 분명하게 실천하는 것이 필요하고 매우 중요하기 때문에, 가능한 조속히 실행해서 진정한 책임경영 체제를 갖춰야 한다.

그러면 자연스럽게 경영능력과 역량을 갖춘 전문경영인이 선발되고, 조합장은 조합원의 대표로서, 농어촌지역의 어르신으로서 존경받고, 명예로운 역사적 인물이 되며, 훌륭한 지도자가 될 것이다.

제1장

# 배경

"협동조합은 민주주의 학교이자 공동체의 장이다.", "협동조합은 공동체 사회의 좋은 모델이다.", "나는 작지만 우리는 크다."고 말한다. 그래서 "민주주의 사회에서 협동조합보다 더 좋은 것은 없다."고 한다. 특히 농어촌 사회에서 조합은 불가분의 관계에 있다.

2012년 1월 26일, 법률 제11211호 '협동조합 기본법'을 제정하였고, 2012년 12월 1일부터 시행되어, 2019년 10월 31일 기준 16,430개가 설립되었다.

이 법은 협동조합의 설립·운영 등에 관한 기본적인 사항을 규정함으로써 자주적·자립적·자치적인 협동조합 활동을 촉진하고, 사회통합과 국민경제의 균형 있는 발전에 기여함을 목적으로 한다.

이와 같이 민주주의 국가인 대한민국에서의 협동조합은 우리 국민에게 꼭 필요한 것으로서, 국민들의 열망이 대단하다는 것을 여실히 보여 주고 있다. 우리들의 농어촌 조합을 비롯해서 새마을금고나 신용협동조합 등에 이르기까지 기존의 각종 협동조합이 속해 있는 7개의 개별법에 의해 설립된 협동조합 역시 그 중요성에 있어 예외는 아니다.

농어촌의 새로운 생활양식 출현과 귀농귀촌의 가치가 새롭게 부각되면서, 농어촌의 잠재력 증대, 정부 정책과 연결된 복합적인 상승효과를 통해 가까운 미래에 농어촌 부흥의 시대가 올 것이라는 청사진들이 제시되고 있다.

세계적으로 숱하게 많은 채널을 통해서 국내·외의 저명하고 영향력 있는 분들이 저마다 이구동성 미래의 산업으로 잠재력이 무궁무진한 농어업과 농어촌에 대해서 관심을 가지라고 조언을 아끼지 않는다.

그래서 "'지방 소멸론'을 넘어서 농어촌 공동체 새생의 길"이라는 주제로, 농어촌지역정책포럼을 통해 발표된 내용들을 정리해 보았다.

## | 농촌의 기능과 가치 인식 변화

"농어촌은 현재 정주 만족도 상승으로 인한 인구 증대, 혁신 창출 공간으로서의 성과 확인, 사회적 경제 조직의 급증, 사회적 농업 실천 확산, 새로운 생활양식의 출현 등이 확인되고 있다. 그래서 농어촌은 이제 새로운 가능성과 기회의 토대가 되고 확대가 됨으로써, 지방 소멸론을 넘어 지방의 부흥을 기대해 볼 수 있다."

"정부는 누구나 살고 싶은 복지농어촌조성을 위해 어디에 살더라도 불편 없는 생활거점 1천600개와 일자리가 있는 활력거점 100개 조성, 농어촌다움의 가치 확산과 도시민이 찾아오는 농어촌을 조성하고 있다."

"유기농은 단순히 농업에만 국한된 것이 아니라, 인류의 밝은 미래를 만들어 가는 지속 가능성에 초점을 두는 삶의 방식"

"앞으로 더 많은 젊은이가 유기농 정신을 바탕으로 다양한 생산·유통·소비기반을 구축해 나갈 것이며, 더 많은 시너지가 창출되도록 환경 조성에 박차를 가하겠다."

이렇게 여러 발표자들의 긍정적인 언급들을 확인할 수 있다.

이러한 영향 때문인지는 몰라도 인터넷의 지식IN에 "미래 희망 직업이 '스마트팜 구축가'입니다. 이에 관련된 자격증이나 활동을 해 보려고 합니다. 무엇을 공부해야 할지 잘 몰라서 "컴퓨터 프로그래밍 학원을 다니면서 공부하면 어떨까? 생각하고 있는데 옳은 선택일까요? 그리고 자격증은 어떤 게 좋을까요?" 라는 등의 질문을 하는 젊은이들이 많다.

또 '농업·농어촌에 대한 2015년 국민의식 조사 결과'도 살펴보았다.

○ 농업·농촌에 대한 지지도가 확산하는 추세가 이어지고 있으며, 도시민의 과반수가 '농업·농촌 투자 늘려야 한다는 긍정적인 답변을 한 것으로 집계됨.'
- 도시민 66.7% '농업·농촌은 미래성장 동력', 77.2% '국가경제에서 농업 중요', 농업의 다원적 가치 인정과 세금 부담 의향은 전년에 비해 각 4.3%p, 8.6%p가 상승한 것

으로 조사되었다.

- 도시민 50.7%, 농업인 73.8%는 농업·농촌에 투자를 확대해야 한다는 의견에 동의하였다. 투자를 줄여야 한다는 의견은 각 10.9%, 3.1%에 그쳐 높은 지지도를 보였다.

- 농업인의 세제 혜택에 대해서는 도시민의 10명 중 6명이 동의를 해 2년 전보다 2배 가까이 긍정인식이 증가했다. 농촌복지 예산 증액에도 도시민 61.9%가 동의하여 전년보다 7.7% 상승하는 등 농업·농촌에 대한 투자 필요성의 인식과 지지도가 상승하였다.


○ 귀농·귀촌 의향이 증가하고 귀촌에 3배가 더 관심이 많았으며, 농촌관광 '숙박'의 개선이 필요하다고 답을 했다.

- 은퇴 후 귀농·귀촌 의향을 가진 도시민은 47.0%로 전년보다 8.0%가 증가하였다. 귀농·귀촌 이유는 생계 수단보다는 건강과 자유로운 삶을 원해서라는 응답이 많았으며, 귀농보다 귀촌을 원하는 비중이 3배 정도 더 많은 점이 이를 뒷받침하고 있다.

- 귀농·귀촌의 효과나 정책지원에 대해서는 농업인보다 도시민의 긍정적인 답변 비율이 높았다. 또한, 자녀에게 농사를 권장하겠다는 의향은 1978년 조사 이후 처음으로 10%대를 넘었다.

- 도시민들이 농어촌에서 가장 하고 싶은 것은 '지역축제 참여'이며, 주말 농장 등 체험 활동에도 관심이 많은 것으

로 조사되었다. 농어촌관광 시 가장 불편한 점으로는 '숙박과 취사'를 꼽았다.

– 농산물 시장이 현재보다 더 개방되면 수입품에 비해 가격이 비싸도 우리 농산물을 구매하겠다는 국산 구매 충성도는 2009년 37.0%에서 지속 하락해 2015년 21.0%로 떨어졌다.


○ 농업인 직업만족도는 정체를 나타낸 반면에, 생활의 만족도는 지속적으로 상승을 해서 10년 사이에 4배로 '껑충' 뛰어올랐다.


그래서 이와 같은 시점에 그동안 농어촌의 침체적인 요소들을 말끔히 해소하고 정비하여, 재창조할 수 있는 새로운 희망과 성장 동력이 될 수 있는 기회를 만들어야 한다. 이를 위해 우선적으로 조합을 진정으로 개혁해야 한다.

# 제2장

# 농어촌 컨트롤 타워

목차의 앞부분에 '농어촌 컨트롤 타워'를 배치한 이유는, '조합'이야말로 '농어촌에서 중심적인 역할을 해야 하는 조직'이기 때문이다.

이것은 미션(Mission)이라고 표현하는 사명(使命), 임무(任務), 중요한 일 등과 같은 것으로서 기본적인 큰 틀에 해당하는 것이고, 해야 하는 근본적인 일이며, 바둑에서의 포석이라고 생각해 주면 좋겠다.

조합은 어려움에 처해 있는 농어촌 문제의 해결을 위해 다각적인 모색을 해야 하는 시기를 맞이하고 있다. 조합은 농어민의 경제적 사회적 지위향상과 농어업의 경쟁력 강화 및 농어민의 삶의 질을 높이고 균형 발전을 하기 위한 목적을 가지고 있는 만큼 농어촌 컨트롤 타워 역할을 잘 수행해야 하는 것이다.

또 지역민의 소득향상, 농어촌 체험관광, 농·특산물에 대한 마케팅은 물론이고, 지역의 경관 개선을 위한 사업과 마을 종합 개발사업 및 신규마을 조성사업 등 전반적이고 핵심적인 역할을 수행함으로써 농어촌 건설의 구심점인 일을 위해 최선을 다해 줄 것으로 기대되고 있다.

ICT 융합산업과 4차 산업혁명 등에 의해 최첨단 산업의 시대에 살고 있는 우리는 매우 복잡한 사회 환경을 통해서 겪는 다양한 스트레스를 해소하고 삶의 질을 높일 수 있는 방법을 찾고 있다. 정부에서도 국민들의 심신건강을 위해 농어업과 관광산업 활성화에 노력하고 있다. 바야흐로 농어촌의 유무형 자원을 활용한 농어촌관광의 새바람이 불고 있다.


또 우리나라는 지속적인 생활수준의 향상과 보건, 의료기술의 발달로 국민의 수명이 연장되어 고령의 노인 인구가 크게 늘어나고 있다.

전체 인구에서 7% 이상이 65세 이상일 경우를 고령화 사회, 14% 이상이면 고령사회, 20%가 넘어가면 초고령화 사회라고 규정하고 있다.

이 수치를 감안하면 2017년 8월 14.3%로 한국은 이미 고령화 사회에 진입했고, 2023년 20.3%로 초고령화 사회가 될 것으로 전망을 하고 있다.

출산율이라도 높으면 안심하겠는데 저출산 국가를 넘어 무출산, '0'점대 출산율 0.98%에 출생아 수는 32만 7천 명을 기록했다.

　이러한 상황에서 고령화의 진행 속도가 무척이나 빠르다. 그러나 다른 선진국들과는 달리 고령사회에 대한 준비가 그만큼 시급하고 할 일도 많은데 국가, 사회, 개인적으로 대책은 매우 부족한 수준이라고 한다.

　앞으로는 미래의 장기적이고 범국가적 계획을 그리기 위한 관점이 필요하고 국가, 사회, 개인적인 차원에서도 농어업과 농어촌에 대해 많은 관심을 갖고 다양한 연구들을 진행하며 그것을 계속 유지하게 될 것이다. 이미 한국농어촌공사에서는 전국 10개 어촌을 명품 관광지로 개발을 목표로 하고 있다. 이러한 농어촌지역개발은 농촌에 활기를 불어넣어 줄 것이다.

　농어업은 국민의 먹거리를 책임지는 산업이고, 농어촌의 쾌적함(amenity)은 국민의 심신건강을 위한 힐링과 관광산업 등을 아우르는 공간이다.

　이러한 전반적인 요소들을 적절하게 섞고, 도시와 농어촌을 연결하는 일을 계획하고 실행을 추진해서 관리하는 주체적인 조직이 바로 조합이 되어야 한다. 그런 조합으로서의 역할을 다하기 위해서는 거기에 걸맞는 역량을 갖추어야 한다.

　그러한 역할을 하는 컨트롤 타워가 되기 위해서는 먼저 지역 사회에서 모범이 되어야 하고 신뢰를 얻어야 한다.

　또한 경영상으로 안정이 되고 완벽한 실력으로 내공을 쌓아야 한다. 그렇기 때문에 지자체를 비롯한 여러 조직과 협의하고 컨트롤할 수 있는 전문경영인이 반드시 필요한 것이다.

조합을 안정적이고 지속가능하게 잘 경영할 수 있는 전문경영인에게 맡겨서 농어업과 농어촌이 미래의 범국가적인 관점과 국가, 사회, 개인적인 차원에서 함께 잘 관리될 수 있는 등 두루두루 유익한 가치를 갖게 하고 우리들의 삶의 질이 향상될 수 있도록 해야 한다.

조합은, 단지 그렇게 경영능력이 탁월하고 유능한 사람이 제대로 선발될 수 있도록 하는 것, 이거 하나만 잘하면 되는 것이다!

다음과 같은 계획을 제안한다.


## (1) 농어업 조직의 합병

① 농어촌의 지역은 도시의 지역에 비하면 상대적으로 인구가 매우 적은데도 불구하고, 행정기관을 비롯해서 관변 단체도 다양하게 있고, 여러 가지의 종교단체 등 없는 것이 없을 정도로 대단히 많다. 그래서 관련이 있는 것끼리 합병을 해, 실제로 필요한 조직과 제대로 할 일을 할 수 있는 조직이 돼야 경쟁력과 상생을 도모할 수 있다.

일단, 2019년 6월 기준의 중요한 농민단체들을 간단히 소개한다.

**| 전국농민회총연맹(全國農民會總聯盟(약칭: 전농))**

　: 전국농민운동연합과 전국농민협회 등 지역농민단체와 각
종 농민운동단체가 전국 규모로 통합되고 1990년 4월 83개
군 농민회가 참여, 전농을 만들었다.

　그렇다고 전농은 투쟁만 하는 단체는 아니다. 전농 안에는
농업정책에 대해 진지하게 고민하는 기구가 두 군데나 마련되
어 있는데. 2000년 '한국농정신문'을 만들어 발행하고, 전국여
성농민회총연맹과 함께 농업농민 정책연구소 '녀름'을 운영하
고 있다.

**| 전국여성농민회총연맹(약칭: 전여농) :**

　'한 손에는 투쟁! 한 손에는 대안!'을 구호로 활동하는 전국

여성농민회총연합(전여농)은 농산물 수입개방 반대와 농민 생존권 보장, 여성농민의 지위 확보를 위한 투쟁을 이어오고 있다.

농민단체 중에서 가장 강한 페미니즘 성향을 보이며 다양한 여성농민 이슈에 대응하고 있다. 그러면서 투쟁과 동시에 대안을 위한 실천도 열심히 한다.

기본적으로 제초제는 물론이고 일반적인 살충제와 살균제 등 화공약품의 농약을 뿌리지 않고 친환경적인 농사를 지어야 농산물을 등록할 수 있는 정책으로 생태농사를 권장하며, '언니네텃밭' 사업으로 자신의 명의로 통장 하나 없던 수많은 여성농민들이 경제적으로 자립하는 계기를 만들었다.

### | 한국농업경영인중앙연합회(약칭: 한경연)

: 산업화 이후 농어촌을 떠나는 사람이 많아졌다. 그 대책으로 정부에서 시행한 농민후계자 육성정책을 통해 양성된 농업경영인(당시 농어민후계자)들이 만든 단체다.

1987년에 2000년대를 대비해 선진복지 농어촌을 만들기 위해 창립했다. 많은 농민단체들이 그렇듯 개방화 대비, 농민권익 보장, 식량주권 확보, 농산물 유통구조 개선 등을 목표로 활동하고 있다.

한농연은 농민들의 입장에서 농업 사안을 다루는 '한국농어민신문'을 발행하기도 한다.

### | 한국여성농업인중앙연합회(약칭: 한여농)

: 전국 여성농업인의 자발적인 협동체로 여성농업인의 권익 보호와 지위 향상, 농어촌의 제반 문제 해결 및 향토문화의 계승 발전을 목표로 1996년에 설립됐다.

교육과 농권보호, 여성농업인 관련 토론회 등을 위주로 활동하고 있다. 결혼이주여성의 농어촌 정착을 위한 멘토링(mentoring)을 지원하고, 남성 중심적으로 제작된 농기계를 여성 친화형으로 추가 보급하는 등 여성농업인을 위해 다양한 활동을 이어오고 있다.

### | 가톨릭농민회(약칭: 가농)

: 가톨릭 신자인 농민들이 중심으로 결성해 1970년대 말 박

정희 정권 시기 '농협 민주화운동', '쌀 생산비 보장운동', '노풍벼 피해 보상운동' 등을 벌이며 농민운동의 중심에 있는 단체. 전여농에 언니네 텃밭이 있

다면 가농에는 '우리농'이 있는데, 가농회원들의 친환경 농산물을 직거래할 수 있는 플랫폼으로 우리 밀을 활용한 다양한 상품도 만날 수 있다.

## | 전국쌀생산자협회

: 2014년 WTO 이후 쌀시장 전면개방 정책에 대응하기 위해 만들어진 쌀 농가를 대변하는 전국조직이다.

쌀 수입반대와 쌀값 보장을 위한 직불금 확대 등의 제도개선 사업에 중점을 두고 활동하고 있는 단체로 쌀 관세 513%, 밥쌀용 쌀 수입 의무규정 삭제, 수입쌀과 국내산 쌀의 혼합금지법안 쟁취 등의 활약이 있다.

## | 전국친환경농업인연합회

: 이름에서 잘 드러나듯 친환경농업 발전에 대한 정책과 제도를 개선하기 위한 농민단체이다.

친환경농산물의무자조금의 정착과 확대, 정부와 기관 등을 통한 친환경급식의 확대, 친환경 농업의 공공성과 공익성 확보를 위해 제도적인 대안을 제시하는 활동을 하고 있다.

친환경농업 교육과 홍보활동을 하며 자체적인 육성프로그램을 마련, 모색하는 등 친환경농업의 발전을 위해 활동하고 있다.

## | 청년농업인연합회(약칭: 청연)

: 2017년에 설립된 비교적 신생 단체인 청년농업인연합회

(청연)는 전국 청년농업인들의 자립을 위해 자발적으로 조직된 단체이다(아직 사단법인으로 등록되지는 않았다).

청연은 청년농업인과 기업의 네트워킹 활성화와 역량강화를 위한 교육 등 전문 농업인으로 성장하기 위한 실질적인 도움을 주고받고 있다.

청연은 농업정책에서도 많이 소외되어 있는 청년들을 대변해 목소리를 내는 역할을 하고 있다. 청연의 강선아 회장이 농어업·농어촌특별위원회(농특위)에서 유일한 청년위원으로 활동하고 있다.

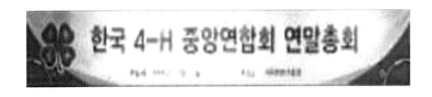

| 4-H중앙연합회

: 4-H는 100년 전 미국에서 처음 조직된 청소년단체로 4-H 이념(명석한 머리-Head, 충성스런 마음-Heart, 부지런한 손-Hands, 건강한 몸-Health)을 실천하는 단체이다.

스카우트 혹은 아람단 같은 개념으로 이해하면 더 쉽겠다. 우리나라에서는 해방 직후 낙후된 농어촌의 부흥과 실의에 빠진 청소년들에게 활력을 불어넣기 위해 4-H활동을 도입하게 되었다.

청년 농민 사이에서는 "4H에 가입하지 않으면 지원사업에 선정되지 못한다."라는 말이 공공연하게 돌 정도로 힘 있는 단체로 여겨지고 있다.

한국 4-H 신문을 발간하고 국제교류캠프 등 단체의 정신을 전파하는 다양한 활동을 하고 있다.

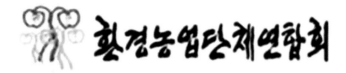

### | 환경농업단체연합회(약칭: 환농연)

: 환경농업단체연합회은 환경과 유기농업을 위한 40여 개 단체의 비영리 연합체로, 지속가능성과 생물다양성을 추구하며 유기농업 확산을 위한 활동을 하고 있다.

각 친환경유기농업단체가 교류하며 친환경 농산물의 생산과 소비 기반을 확대하고, 지속가능한 유기농업 발전, 국민 건강증진, 환경 보전을 위해 연합활동을 하고 있다.

이와 같이 농민단체만 살펴봤는데, 이상 10개의 단체 외에도 현재 국내에는 셀 수 없이 많은 농민단체가 존재하고 있다.

농림축산식품부에서는 농민단체가 너무나 많다는 이유로 더 이상 새로운 농민단체를 만들 수 없을 정도라고 한다.

개방농업 이후 농업, 농어촌, 농민이 어렵고 힘들다는 이야기는 계절마다 신문 사회면을 장식하지만, 좌절하지 않고 똘똘 뭉쳐 공동체의 발전을 위해 힘쓰는 사람들의 목소리가 세상에 더 크게 울리기를 바란다.

그 외의 각종 모임들도 비슷비슷한 것이 중복되는데도 불구하고, 나뉘어져 있는 모임이 너무나 많아서 넘쳐난다고 해야 맞는 표현이다.

그러나 이러한 단체들이나 모임들의 조직을 보면, 정말로 유명무실이란 말이 딱 들어맞는 말이란 것을 금방 알 수 있다.

그것은 조직의 인원이다. 전체 인원이 딱 2명이라는 곳도 있다. 이들은 형식적으로 회장과 총무의 이름만 올려놓고 있단다. 그래도 이들은 정기적인 행사에는 가능한 한 참석을 하고 있기 때문에 명목상으로는 열심히 활동을 하고 있는 것처럼 보이는 것뿐이다.

그러다 보니 어떤 분은 참여하고 있는 조직에서 회장님으로 15개와 총무 5개, 또 다른 분은 회장님으로 3개와 총무 및 사무장으로 10개의 감투를 쓰고 있다는 웃지 못할 하소연을 하고 있는 지경이다.

이것뿐만 아니라, 시골의 학교에 학생의 수보다 선생님들(교장, 교감 포함)의 수가 더 많다는 사실은 이미 오래 전 방송을 통해 알려진 바 있다. 일일이 다 언급을 할 필요는 없겠지만, 농어촌의 실상이 이래도 누구 하나 선뜻 나서서 개선을 하지 못하고 있다.

중요한 것은 이런 유명무실하고 명목적인 보여 주기 식 전

시행정에 의해 형식적인 것을 추구하다 보면 정작 해야 할 많은 일들을 하지 못한다는 것이다. 이것은 공적으로도 엄청난 사회적비용을 발생시키지만, 개인적으로도 얼마나 많은 노력과 시간을 낭비하고 있는지 모른다.

이렇게 모순적이고 불합리한 문제점들을 당장에 해결을 해서 국가적, 사회적, 개인적으로 낭비되고 있는 것들을 찾아 비슷한 것끼리 합병을 하자. 이렇게 되면 실질적으로 필요한 조직이 되고 정말로 해야 할 일들을 함으로써 행복한 농어촌이 재창조되도록 할 수 있다.

② 조합의 경우도 농협, 축협, 수협, 산림조합, 인삼조합으로 나눠져 있다. 또 이 중에도 지역농협과 품목농협으로 나눠져 있다. 그리고 정식으로 정부의 인가를 받지 않은 비인가 조합들도 있다. 이렇게 조합들의 숫자는 많은 반면에 개별 조합 즉 면지역(단위) 조합들은 조합원 수나 자산이 적고 경영이 어렵다.

또 시·군단위의 여타 조합들도 비슷한 상황인데, 이것이 과연 "농어민을 위해서 이렇게 나눠져 있느냐?"고 생각할 때 아니라고 단언한다.

농어민의 입장에서는 하나의 단체라도 역할을 제대로 하는 단체나 조직이 필요할 뿐이다. 많아서 좋은 것보다는 제 역할을 제대로 하는 곳이 없어서 너무너무 아쉽고 안타까울 뿐이다.

그래서 농어촌 컨트롤 타워로의 조합이 필요한 것이다. 현재 조합들은 별로 다른 차별화가 없이 같은 일이나 비슷비슷한 일을 하는데, 공연히 여기저기로 나눠져 있다. 그래서 매우 불편한 것이다.

예를 들어서 상호금융 업무는 말할 것도 없이 똑같고 경제사업도 하나로마트, 면세유류, 비료 등등을 놓고 따져 봐도 어느 것 할 것 없이 여러 조합으로 나눠져 있어야 할 이유가 전혀 없다.


특히 면세 품목의 경우 혜택을 받기 위해서 얼마나 불편한지 모른다. 농업기계의 종류는 농협에 등록을 해서 농협에서 받고, 또 임업기계는 다시 산림조합에 가서 일을 봐야 하기 때문에 많이 힘들고 불편하다.

물론 축협과 수협도 마찬가지이다. 직원들도 4군데 다 있어야 하고 책임자를 비롯한 조합장도 똑같이 다 있을 수밖에 없다. 그 외에도 불편한 내용을 하나하나 구체적으로 언급하려면 너무나 많다.

그렇다고 특별히 좋은 점이나 꼭 존재해야 할 이유를 찾을 수도 없다. 요즈음 행정기관에 가 보면, 원스톱 서비스를 제공하기 위해서 원스톱 코너를 많이 만들어 놨다. 일단은 이런 것이라도 좀 벤치마킹했으면 한다.

조합원들이 각종 조합을 제각각 상대하기 위해 여러 곳을 방문해서 일을 봐야 하는 번거로움을 개선하여, 한곳에서 한꺼번에 여러 가지 업무를 동시에 볼 수 있어야 한다. 그러면 서로가 편하게 된다.

조합은 조합원들이, 조합원들에 의해, 조합원들을 위해서 존재하는 것이기 때문에 그 어떤 다른 이유로든지 조합원들이 불편하거나 조합원들과 농어민들의 존재 가치를 조금이라도 훼손하여서는 안 된다.

그래서 조합원과 농어민을 위한 공동의 가치가 존중되는 것이 우선이고, 나아가 농어촌 지역과 국가의 발전을 위해서도 반드시 조합이 지속가능할 수 있도록 경영이 잘 되어야 하는 것이 매우 중요하다. 아이디어와 기술력을 토대로 고수익을 올리는 작지만 강한 농가나 농민이 필요한 것이다.

농산물시장의 개방 확대, 대형유통업체 시장지배력 강화 등 농어업과 농어촌의 여건변화에 대응하여 조합의 판매사업과 역할의 강화에 대한 요구가 증대되고 있다. 그래서 조합의 경제사업 활성화를 위해 ○○중앙회의 경제사업을 농협 경제지주로 분리하여 사업구조가 개편되었다.

이와 같은 대·내외 변화로 농가교역 조건이 악화되고, 그에 따라 농가의 규모화 추진에도 불구하고 농가소득이 정체되고 있으며, 농가의 고령화가 진행되면서 농산물판매 능력이 저하되는 여건에 직면하고 있다.

조합이 협동조합으로서의 정체성을 유지하면서, 조합원 농가에게 최선의 이익을 주는 역할을 정립해야 한다. 그래서 효율적으로 업무를 수행할 수 있는 제도적 기반구축의 방안에 대해서 논의가 필요한 시점이다.

조합의 경제사업이 모두 ○○중앙회의 경제지주로 이관된 2017년에 먼저 조합 전체 역할의 정립 방향을 제시하고, 조합 경제지주의 운영방향을 마련하는 것을 중요한 범위로 설정하여, 조합 경제지주의 전환에 따른 경제사업 관련 분야의 연구 범위를 확대할 필요가 있다.

또한 지역조합의 역량강화를 위한 지배구조 등 제도적 기반을 연구할 필요가 있다. 다양한 외국 조합의 운영사례를 수집

## 지역 단위조합 현황

**조합장 연봉 평균**
7천만 원 + 업무추진비
연 1천200만 원

**국내 임금 근로자 평균 연봉**
3천124만 8천 원(2013년 기준)

**평균 농가 소득**
3천452만 원(2013년 기준)

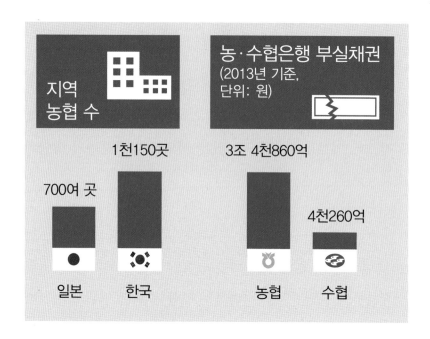

| 지역<br>농협 수 | | 농·수협은행 부실채권<br>(2013년 기준,<br>단위: 원) | |
|---|---|---|---|
| 700여 곳 | 1천150곳 | 3조 4천860억 | 4천260억 |
| 일본 | 한국 | 농협 | 수협 |

검토하고 제도개편의 방향성을 설정하는 등 조합의 역량강화가 필요하기 때문에 외국의 조합들에 대한 제도적 기반을 면밀하게 검토할 필요도 있다.

이와 같이 농어촌의 발전을 위해서는, 중심 조합을 중심으로 한 다양한 조합들이 각각 농어촌에 미치는 영향과 경영상황 등을 충분히 감안하여, 이들 조합들을 면밀하게 조사하고 제대로 분석을 한 다음 통합을 하여, '작지만 강한 조직의 조합'으로 만들어야 한다.

## (2) 합병된 공간의 활용

### ① 농박

일본의 경우, 농박(農泊)의 장려 정책을 펴면서 농어촌지역이 고령화와 같은 지역 문제를 해결하려는 노력을 하고 있다.

예를 들어, "이시카와현 와지마시 미이지구라는 마을은, 젊은 사람들이 떠나 마을이 쇠락해졌다. 그러자 지자체와 주민들이 나서 빈집을 객실과 프런트, 레스토랑으로 바꾸어 마을 전체를 하나의 호텔로 탈바꿈시켰고, 마을 주민들은 모두 호텔의 직원처럼 일을 한다."고 한다.

그렇게 하니 여행객의 발길이 끊겼던 이 마을은 이제 한 달 1,000명 이상 찾는 관광 명소가 됐다. 그 덕분에 노인을 위한 일자리가 만들어지고 젊은이들도 취업하러 모여든다고 한다.

이와 같이 일본 정부는 농어촌의 문제를 지역민과 함께 공동으로 재개혁하는 일에 앞장서고 있다. 실질적으로 이러한 마을에 농박이라는 새로운 활성화 예산으로 50억 엔을 책정하겠다는 발표를 했다.

이러한 일본의 경우처럼, 우리나라도 정부 차원에서 농어촌 특례법을 만들어 농박을 활성화하기 위해 부단히 노력을 하고는 있다.

농박은 아직까지 전 국민들에게는 새로운 형태의 문화이기 때문에 익숙하지가 않아서 좀 어색한 면도 있다. 그러나 이웃에 누가 사는지도 잘 모르는 도시와는 달리 대문을 열어놓고 가족처럼 지내는 농어촌의 따뜻한 인심에 끌려 도시인들이 몰려온다고 한다.


농박은 농가에서 잠을 자 본 사람만이 아는 특별한 맛이 있다.

누구라도 가끔은 일상적인 생활을 하다가 받았던 스트레스를 다 내려놓고 아무 생각 없이 농어촌에서 쉬어 보는 것에 매력을 느낄 것이다. 때문에 농박은 가장 편하고도 색다른 체험 관광 상품으로 자리를 잡게 된다.

이 농박은 도시의 현대식 호텔이나 고급형 펜션과 같이 인테리어를 화려하게 하거나 편의시설을 잘 갖추는 것보다는, 해당하는 지방의 특징이나 지역 이미지를 잘 살리는 것이 훨씬 더 중요하다고 생각한다.

## ② 공동주택, 공동생활 가정, 고령자 공동생활

공동주택(共同住宅)은 대지(垈地) 및 건물의 벽·복도·계단 기타 설비 등의 전부 또는 일부를 공동으로 사용하는 각각의 세대가 하나의 건축물 안에서 각각의 독립된 주거생활을 영위할 수 있는 주택을 말한다.

주택법에는 기숙사를 제외한 아파트, 연립주택 및 다세대주택으로 규정해 놓았다. 건축법에는 공동주택의 형태를 갖춘 가정보육시설, 공동생활가정, 지역아동센터, 노인복지 시설(노인복지 주택은 제외) 및 원룸 형 주택을 포함시키고 있다. 관련법은 건축법 및 주택법이다.


**공동생활 가정**(共同生活 家庭)은 그룹 홈이라고도 한다.

주로 지적 장애인들을 대상으로, 일반 가정에서 소그룹의 장애인들과 1~2명의 비장애인 보호자가 함께 살아가는 형태에서 시작됐다고 한다.

하지만 새로운 그룹 홈은, "장애인 복지 시설및 기존의 그룹 홈과는 달리 중증 장애인이 활동 보조인을 고용하는 형태로 이루어져 중증 장애인이 주도적인 삶을 살아가게 되는 모양이 된다."고 한다.

전국적으로 약 200여 개의 아동 청소년 그룹 홈이 운영 중에 있고 충청남도에는 아동 청소년 보호를 위한 '그룹 홈' 10개소가 운영 중이며, 선진국형 그룹 홈에서 생활하는 아동은 모두 50여 명이다.

그리고 천안시의 경우 10개소 중에 5개소가 있으며, 보호가 필요한 아동 청소년이 240여 명 있지만, 이들 중 약 11%에 해당하는 아이들만이 선진국형 그룹 홈에서 생활하고 있다고 한다.

**고령자 공동생활**은 '공동생활 가정'의 일부분을 벤치마킹한 형태라고 할 수 있다.

이것은 공동생활 가정에 있는 장애인과 비슷하게, 나이가 들어 심신이 불편하신 고령자들이 편하게 여생을 보낼 수 있는 장소가 된다.

또한 고령자들의 경우, 대부분이 혼자 사는 분들이 많다는 점, 자식들과는 좀 떨어져서 살고 싶어 한다는 점, 심신의 건강이 다소라도 안 좋아졌다는 점, 안 좋아진다는 점 등등이 있는데, 이러한 점들을 다 힘께 그리고 이느 정도는 스스로 해결할 수 있도록 했다.

그래서 다음과 같이 고령자들에게 꼭 필요한 2가지로서, 도움이 될 수 있는 고령자 공동생활(高齢者 共同生活)을 제안한다.

첫째, 공동식당(公同食堂) 운영이다.

혼자 사는 고령자들의 고독사를 미연에 예방할 수 있다는 것이 가장 큰 장점이고, 공동 식사를 함으로써 여러 가지 이유로 식사를 굶는 것을 예방하며, 여러 명이 함께 식사를 하는 즐거움을 누릴 수 있다.

　또 균형 잡힌 영양분의 섭취와 고령의 단체식에 걸맞는 부드럽고 연한 식재료로 채식의 비중이 많게 하고, 치아의 불리한 면을 고려하여 죽과 같은 것들로 편하게 먹을 수 있도록 조리한다. 특히 남성 고령자의 경우 취사를 하는 부담을 획기적으로 줄일 수 있다.

　둘째, **공동농장**(公同農場) 운영이다.

우선적으로 본인들이 직접 채소와 과일 등을 심고 가꾸는 동안 육체적인 움직임에 의해 건강을 유지하는 한편, 정신적인 스트레스나 노령으로 인해 나약해지거나 피로해짐으로써 발생하는 다양한 증상(우울증, 외로움 등)의 원예치유에 의한 효과를 기대할 수 있다.

특히 공동작업 후 나눠 먹는 꿀맛 같은 새참이 있다. 또 노동의 대가에 의한 수확의 기쁨과 힐링 효과, 친환경 먹거리를 자급자족에 의해 해결함으로써 얻는 경제적인 가치 등과 같이 많은 것을 얻을 수 있다.

실제로는 이상과 같은 방법이나 대안들 외에도 얼마든지 많고 많은 대책들을 생각하고 만들 수 있다. 여기서는 하나의 촉진적인 방안만을 제시한 깃뿐이고 이런 일들은 조합을 중심으로 하고, 조합에서는 전문경영인을 핵심으로 해야 된다는 것을 다시 한번 더 강조하고자 한다.

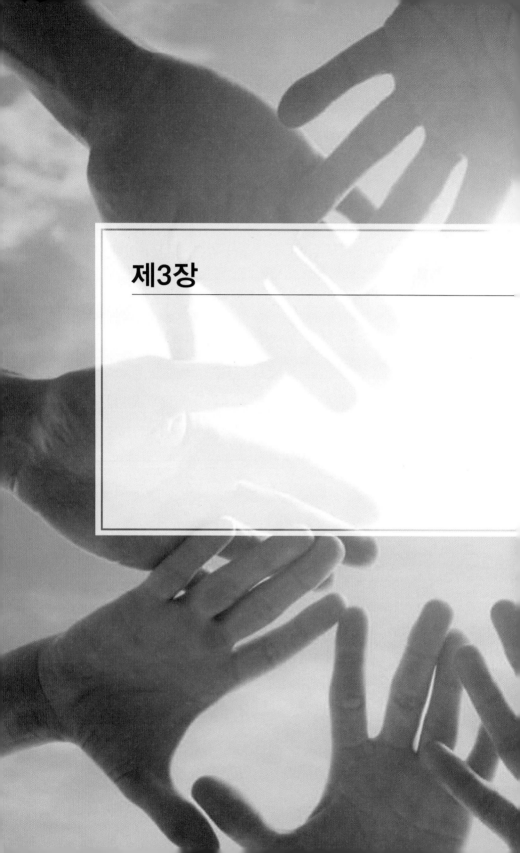

제3장

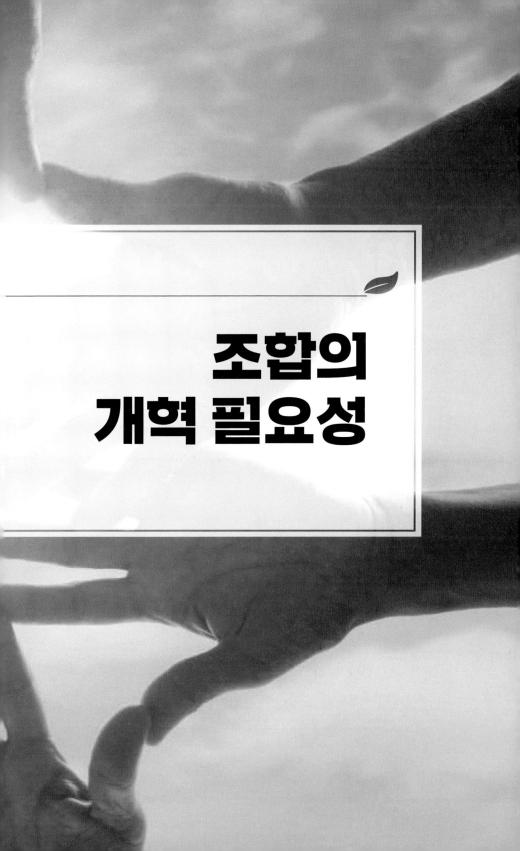

# 조합의
# 개혁 필요성

이제는 세계 각국의 경제가 글로벌화 되면서 규모가 확대되었고, 이에 따른 변수가 많아지면서 미래를 예측하기가 무척이나 어려워졌다. 그래서 경영상황이 매우 복잡하게 전개되는 등 어려움이 생김에 따라 잘나가던 기업들이 갑자기 흑자 도산을 하는 경우가 속출하였다.

이에 대한 대책으로 기업에서 전문경영인제도를 본격적으로 운영하게 되었다. 마찬가지로 조합들도 IMF를 겪으면서 범국가적인 차원의 경제적인 어려움에 따라 농협, 축협, 인삼협동조합의 중앙회가 합병을 하였고 뒤이어 경영상으로 부실한 회원조합들도 합병을 했다.

또한 관련법에 따라 일정 규모의 자산 이상이 되면 조합들이 전문경영인제도를 도입하여 운영하도록 법제화하였다.

그러나 문제는 '무늬만 나무다'라는 말과 같이, 이 제도의 겉

포장이나 형식만 도입을 한 셈이고, 이 제도의 근본적인 취지와 목적에 해당하는 실질적인 내용은 현 상황과 거리가 멀다. 그래서 많은 문제가 야기되었으므로 본 제도의 취지와 목적에 부합하도록 제대로 된 실천을 꼭 해야만 한다.

"조합이 개혁을 해야 한다."라는 말은 정말 많이 했고 지금도 하고 있지만 아직까지 조합원들의 눈높이에는 많이 부족한 것이 사실이다. 그래서 조합에 대해 쓴소리를 내놓는 사람들은 무수히 많다.

"농어민을 위한 조직이 아니고, 직원들을 위한 조직이다.", "농어민이 생산한 농수산물의 판매보다는 쉽게 돈을 버는 돈장사에만 치중한다.", "농어민을 상대로 농수산물의 생산용 자재를 판매하며 폭리를 취한다.", "각종 비리의 온상이다." 등 조합에 대한 시선은 싸늘하기만 하다.


새로운 정부가 탄생을 할 때마다 조합의 개혁에 관련하여 계속해서 시도가 있어 왔고 또 '농협바로세우기연대회의, 바른협동조합실천운동본부, 농협참주인찾기연대회의, 경제정의실천시민연합, 전국농축협감사협의회, 전국협동조합노동조합, 전국사무금융노동조합연맹, 경영혁신위원회, 조합개혁위원회, 농협 혁신을 표방하는 조합장 모임인 '농협조합장 정명회' 등과 같은 공식적인 조직도 많이 있다.

어떤 이슈가 있을 때마다 일시적으로 만들어지는 단체들(좋은농협만들기 정책선거실천 전국운동본부, 부패비리추방·적폐청산 국민행동시민단체인 '활빈단', 어떤 사건이 발생할 때 해당 조합원을 중심으로 한 '개혁위원회, 대의원회개혁위원회' 등등)까지 조합을 개혁, 혁신해야 한다는 구호와 함께 피켓을 앞세우고 강력한 시위를 주도하기도 한다.

그러나 조합의 개혁을 머리에 띠를 두르고 고함을 지르며 험악한 분위기를 조성해서 해야 한다고 생각한다면 정말 시대착오적이고 3류 쪼다(바보, 멍청이)인 것이다. 중국 속담에 "기적은 하늘을 날거나 바다 위를 걷는 것이 아니라, 땅에서 걸어다니는 것이다."라는 말이 있다. 이것이 필요하다.

또 조합개혁은 그동안 많은 분들이 조직한 공식·비공식 조직들의 희생과 노력 덕분에 조금씩이라도 발전한 것이다. 이제는 희미하게나마 고지가 보이고 있다. 그러나 동트기 전 새벽시간이 가장 추운 법이다.

이제 조합의 임직원들을 비롯한 이해관계자들은 지금까지 선배들의 숭고한 희생정신과 노력을 이어받아 멋지게 피날레[1]를 장식하면 된다.

개혁을 하는 이유나 원인을 분석해 보면 여러 가지로 생각을 할 수 있겠지만 어떤 측면에서 고려하느냐에 따라서 많은 차이가 있다.

조직이나 제도, 인물 등 조합원의 입장에서 가장 많이 생각

------------

1  피날레(이탈리아어 finale) : 연극의 마지막 막, 음악에서 한 악곡의 마지막에 붙이는 악장, 등으로 '마무리', '마지막'으로 순화.

을 해야 된다. 현실적으로 요즘은 노동자인 직원들의 입장도 간과할 수 없고 충분히 생각을 같이 해야 한다는 것이다. 또 조합의 특수성에 해당하는 입장에서 보면 더 많은 이해관계자의 입장이 있을 것이다.

그렇기 때문에 이러한 여러 가지의 관점을 함께 고려해야 한다. 오직 개혁의 성공을 위해서는 준비를 철저히 하는 수밖에 없다.


또 시대적인 상황에 따라서 협동조합으로서의 운동체적 성격은 점점 약해지고, 생존을 가장 우선시하다 보니 자연스럽게 사업체적 성격이 강해져 사업의 수익을 도모해야 하기도 한다. 그래서 큰 조직의 다양한 경영관리 전반을 컨트롤할 수 있는 역량과 개혁이 필요한 것이다.

필자는 농어촌에서 나고 자랐으며 농업을 공부했다. 또 첫 직장인 조합에 입사를 하여 상임이사까지 근무하는 동안 농어촌과 조합의 진면목을 제대로 알게 됐다. 그런데 본의 아니게 조합의 어두운 면을 많이 보게 됐는데, 거기서 너무나 큰 충격을 받기도 했다.

그래서 솔직한 심정으로 표현을 하자면, 너무하다! 해도 해도 너무하다. 정말로 점입가경[2]이다! 이렇게밖에는 표현할 길

------------

2  점입가경(漸入佳境) : '가면 갈수록 경치(景致)가 더 해진다'는 뜻으로, 일이 점점 더 재미있는 지경(地境)으로 돌아가는 것을 비유(比喩 · 譬喩)하는 말로 쓰임.

이 없는 것 같다.

더 이상의 좀 더 과격한 표현을 하고 싶은 심정도 굴뚝같지만, 아무리 그래도 그것은 좀 아닌 것 같고 삼가해야 할 것 같아 자제를 한다.

과연, 조합이 어떻게 이렇게까지 엉망진창일 수가 있고 막장드라마 같은지 정말 이해가 안 될 정도로 심했고, 지금도 진행형인데, 그래도 어떻게 이리 유지가 되고 있을까? 그것이 신기하고도 신통할 뿐이다!

물론, "인간사를 현미경으로 보면 비극이고, 망원경으로 보면 희극이라."는 말을 상기해 본다. 이것에 관조[3]하여 본다면 모르겠으나, 지금은 우리가 현실을 있는 그대로 직시하고, 조합을 바꾸는 작은 용기를 가지는 것이 더 필요하고 중요한 시점이다. 즉, 양심이 답인 시대이다.


지금 당장 직접적으로 나하고 상관이 없는 것처럼 보인다고 해서, 상관이 없는 것도 아니지만, 아무튼 이 세상에 태어나서 이 사회의 일원으로 살아가는 동안 무지렁이처럼 살아야 되겠는가? 우리 모두 다 반성하면서 살자! 방관해서는 안 된다!

이는 어떤 개인이나 집단의 이익을 위해서 이 사회의 공정과 질서를 무너지게 하고 공익에 크나큰 피해를 주는 것이기 때문이다. 이것이 바로 적폐인 것이다. 그래서 정말 이 한 몸

--------------

3  관조(觀照) : 고요한 마음으로 사물이나 현상을 관찰하거나 비추어 봄

돌팔매질을 맞는 한이 있더라도 감히 작은 용기를 내야 한다. 이것이야말로 꼭 필요하기 때문에 진정한 용기다. 그러면 주위에 있는 사람들은 남의 눈치 보지 말고 즉각적으로 인간적으로 동의를 바로 해 줘야 한다. 뭐가 무서워서 망설이는가?

조합에 근무하거나 해 본 사람이나 이런 사실을 알고 있는 사람이 필자뿐인가? 아니면 필자가 뭐 정신이상자겠는가? 단지 작은 용기를 내고 안 내고의 차이일 뿐이다. 그러면 용기는 안 내거나 못 냈더라도 최소한 동의는 할 수 있는 것 아닌가!

조합을 바꾸는 용기는 누구나 낼 수 있다. 부패, 비리를 신고하고자 하는 마음만 있으면 된다.


옛날 조합 선배들 중에도 몇 명은 이런 용기를 냈던 분들이 계신다. 하지만 시대적 상황과 여건이 너무나 안 좋았다. 경제적으로 어려워 당장 먹고사는 것이 더 중요하고 시급했던 시절이었기 때문에 주위 사람들이 마음은 동의를 하지만 행동으로 옮기지 못했던 가슴 아픈 역사다. 그래서 제대로 반영이 안 된 채 단발성으로 끝나고 묻혔다. 그렇지만 그런 분들의 고귀한 희생정신만큼은 절대로 사라지지 않고 인생을 인간답게 사는 많은 분들의 가슴속과 전국의 도서관에 쌓여 있는 책속에 면면히 살아 숨 쉬고 있다. 언젠가는 좋은 기회가 오고 어떠한 계기가 있다면 훌륭한 밑거름으로서 자양분이 될 것이다.


그렇다고 해서 지금 당장 비리인사들을 형사고발하고 아주 엄하게 처벌을 하자는 것도 아니다. 단지 그런 문제가 다시 발생하지 않도록 조치를 하자는 것이다. 또 그러한 제도를 새로 만들자는 것도 아니고, 만들어져 있고 시행도 하고 있지만 형식적으로 하지 말고 실질적으로 제대로 시행하자는 것뿐이다.

솔직하게 조합이 아니고 개인이 이 같은 행위를 했다면 없어졌어도 벌써 옛날에, 그것도 쥐도 새도 모르게 언제 사라졌는지도 모르게, 한 방에 사라졌을 것이다.

조합의 유지가 가능했던 가장 큰 이유이자, 큰 다행이라고 생각할 수밖에 없는 것은 바로 '조합의 특수성'이다. 이것 말고는 다른 어떤 것으로도 도저히 조합의 지속을 설명할 수 없다.

조합의 특수성을 설명하자면 이렇다. 조합은 농수산업의 대표적인 조직으로 조합에 대한 지원은 공동자산에 대한 지원으로 농업인 실익증대에 기여를 한다. 또 농수산업과 농어촌의 발전은 물론 국가경제에도 기여하는 것이 조합이며 정부의 정책을 보완하고 선도하는 역할을 담당하고 있다. 또한, 국민의 안전한 먹을거리를 생산하고 공급하며, 농정대행 등 많은 공익적 기능들을 수행한다.

조합은 도농 소득격차 확대, 농어촌 활력저하, 농산물 시장 개방 확대에 대응하여 도농교류 촉진을 위한 '농어촌사랑 운동'을 전개해 왔다.

농협은 농촌사랑 운동의 효과적인 확산 및 홍보를 위해 대통령이 참석한 가운데 도시민과 농업인이 함께 참여하는 '농촌 사랑 공동선포식'을 개최했었다. (03. 12. 11)

귀농귀촌 컨퍼런스 및 청년창업 박람회를 개최하는 등 꾸준히 추진하고 있는 '귀농귀촌 종합대책'에 호응하여 농협은 '귀농·귀촌 종합센터'로서 교육기관 소개 및 알선, 귀농 상담 및 컨설팅, 귀농 정착자금 지원 등의 역할 등 다양한 일을 하고 있다. 이런 여러 가지 역할을 하기 때문에 심각한 문제에도 불

구하고 조합이 유지된 것이다. 조합이 정상적으로 잘 운영되기만 한다면, 농어촌의 발전과 농어민의 소득증대에 절대적으로 기여할 수 있다. 이러한 관점에서 그동안의 부정적인 인식은 버리고, 조합을 사랑하는 마음과 좋은 생각을 가지고 새로운 관심을 가지게 되었다.

우리가 보통 회사나 조직의 개혁이나 혁신을 한다고 할 때, 이 두 가지 개념에 대해서 별반 차이 없이 사용하고 있다.

개혁과 혁신은 변화의 정도가 다를 뿐 연속성을 가정하고 있어서 유사하다. 그래서 일상적으로는 개혁과 혁신을 크게 구분하지 않고 혼용한다. 엄밀히 구분하자면 개혁은 '제도나 기구 따위를 새롭게 뜯어고치는 것'이고 또 급진적이거나 본질적인 변화가 아닌, 사회의 특정한 면의 점층적인 변화를 이끌어내고 고쳐나가는 사회 운동의 하나다.

혁신은 '묵은 풍속, 관습, 조직, 방법 따위를 완전히 바꾸어서 새롭게 하는 것'이다(네이버사전). 혁신에는 '완전히'라는 수식어가 들어가서 개혁보다는 정도가 더 강한 뜻을 담은 용어임을 알 수 있다. 단지 개혁이든 혁신이든 성공하려면 구성원의 공감대, 의식 공유가 선행되어야 한다.

의식 개혁에는 당장에 효과를 기대하는 단기적인 개혁이 있고, 많은 시간을 투자해서 꾸준히 고쳐나가는 중·장기적인 개혁이 있다. 당연히 둘 다 추진해야 한다.

호랑이를 잡으려면 호랑이 굴로 들어가야 한다(不入虎穴 焉得

虎子(불입호혈 언득호자)). 중증 고도비만자에게 빠른 효과를 거두기 위해서 때로는 위의 일부를 절제하는 수술을 한다.

조합 개혁도 그와 같다. 조합원을 비롯한 농어민을 상대로 하는 개혁은 당연히 많은 시간이 걸린다. 그러므로 중·장기적인 계획을 수립하여 꾸준히 개혁해야 한다. 이 책에서는 가장 경제적이자 단기간 내에 효과를 거둘 수 있는 방법에 대해 이야기하고자 한다. 그것은 바로 조합장, 해당 조합원의 대표인 조합장부터 진정성을 가지고 의식개혁을 확실하게 하는 것이다.

조합장은 전체 조합원의 대표이다. 이런 대표성을 가진 조합장이 의식개혁을 한다면 전체 조합원에게 의식개혁을 하는 것과 같은 효과가 있다. 조합의 현 체제를 고려할 때 조합장의 의식개혁이 선행되지 않고 전체를 개혁한다는 것은 불가능하다. 즉 중·장기적으로는 전체적인 구성원을 상대로 개혁을 해야 하는 것이 맞고, 지금 당장에는 조합장의 의식부터 개혁에 들어가는 단기적 방법에 치중을 해야 가장 효과적이라는 것이다.

물론 이것이 그렇게 쉽지 않을 수 있다는 것도 알지만, 그래도 전체 조합원이나 농어민을 상대로 하는 것에 비하면 상대적으로 많이 쉬울 것이다. 또 이는 반드시 꼭 필요로 하기 때문에 물러설 수가 없다.

이것은 우리가 객관적인 입장에서 잘못 이해하거나 오해하는 것을 다 함께 협의하고 소통함으로써 엉킨 실마리를 같이 풀어 나가자는 것이지, 상대방을 해치거나 이기겠다는 것이 아니며, 모두 함께 상생하자는 것이다!

'조합의 개혁'도 어려운 문제지만, 쉽게 푸는 방법을 찾은 게 고수(高手)이다. 우선 그 준비와 출발이 대단히 중요한데, 양심적이고 솔직한 마음으로 준비하여, 기득권[4]을 내려놓는 것으로부터 출발해야 한다.

이것은 한편으로는 조합장이 기득권을 내려놓는 것이자, 다른 한편으로는 경영 비전문가로서의 한계를 솔직하게 인정하는 것을 의미한다.


인간이기 때문에 착각도 한다. 어떤 일에 있어서 성공을 하기 전에는 '운칠기삼(運七技三)[5]'이라고 말을 하는데, 막상 성공하고 나면 기칠운삼(技七運三), 내지 99% 이상 100% 기술, 노력, 능력이라고 착각한다.

어린 시절에 학교 공부를 1등 하면 운동, 미술, 음악, 심지어 도덕 등도 1등이라고 착각하고, 어른이 되어 어떤 조직의 장(長)이 되고 나면, 일하는 거나 돈 버는 거 심지어 인물까지도 최고라고 착각을 한다.

------------

4　기득권(旣得權)은 이미 가지고 있는(획득한) 특권을 의미하는데, 법률 용어로는 "특정한 자연인, 법인, 국가가 정당한 절차를 밟아 이미 차지한 권리"를 가리킨다. 물론 일상생활에서도 기득권을 가진 사람들이라는 표현처럼 상시 이용되고 있다.

5　운칠기삼 (運七技三) : 사람이 살아가면서 일어나는 모든 일의 성패는 운에 달려 있는 것이지 노력에 달려 있는 것이 아니라는 말.

개인적인 일에 대해서 착각하는 것은 있을 수 있고 사회에 심각한 피해를 주지는 않는다. 그러나 공적인 일에 대한 착각은 많은 사람들에게 매우 큰 피해를 주기 때문에 있어서는 안 된다.

옛날 7~80년대, 심지어 90년대까지도 뭐 그런대로 사회적인 통념상 착각을 하더라도 거의 묵인하면서 대충 얼렁뚱땅 넘어갔다. 그러나 이제는 민주화와 경제적 발전과 함께 국민의 교육수준과 의식 수준까지 높아지면서 사회적 분위기가 용납을 하지 않는다.

다른 것도 그렇겠지만 사실 이런 사회 현상은 제대로 우리나라가 잘 굴러가고 있다는 뜻이다. 그만큼 우리나라가 선진국이 되어 가고 있는 것임을 방증(傍證)하는 것이다. 이것에 대해서는 많은 박수를 보내고 싶다.


이제 누구라도 공적인 일로는 절대 착각을 하지 말아야 한다는 것은 아무리 강조해도 부족할 것이다. 지금까지 조합의 온갖 사소한 비리부터 부정부패와 대형 금융사고에 이르기까지 그 모든 것의 근원이 착각에서 출발했으며 착각해서 저질러진 결과라고 봐야 한다.

이러한 일련의 과정(준비와 출발)이나 논리를 보고, 혹시라도 너무나 단순하다는 생각에, 개혁이라는 과업에 비해 처방이 그렇게 복잡한 논리나 거창한 구호가 아니라고 실망일랑 하지 말라, 내실 있는 개혁을 위해서 중요한 것은 구호가 아니라 핵심적인 문제점과 그 해결책을 찾는 것이기 때문이다. 시작을 어떻게 할 것이냐 그 방법이 또 하나의 중요한 관건(關鍵)이기 때문이다!

4차 산업혁명 시대에 외부로는 글로벌 경제로 경영상황이 복잡해졌으며, 내부로는 조합의 사업규모가 커지고 자산이 많아짐에 따라 경영환경이 어려워졌고, 각종 비리와 부정부패의 만연으로 조합의 지속가능성이 불투명한 상황이므로, 건강한 개혁이 필수적이다.

현 조합의 이러한 여건을 감안할 때 조합의 미래와 발전을 위해서는 혁신(革新)[6]보다 현 제도를 제대로 이해하고 실행만 잘하면 되기 때문에 개혁(改革)[7]이 필요하다. 좀 더 구체적으로는 시정조치(是正措置)[8]가 딱 맞는 표현이다. 그렇다면 조합장이 기득권을 내려놓는 것 다음에는 무엇을 해야 하는가?

그것은 바로 현재 조합의 제도 중에서도 책임경영제의 핵심이라고 할 수 있는 '상임이사제도'를 적극적으로 실천하는 것이다. 이 제도는 솔직히 협동조합의 근본인 사람이 중심이 되

------------

6   혁신은 innovation으로서 이제까지 이루어지지 않았던 새로운 방법이 도입되어 관습, 조직, 방법 등을 완전히 바꿔 새롭게 하는 것. 한복에서 양복으로, 상투 머리를 파마로, 전통 혼례를 서양식 예식으로, 한식을 양식으로 등

7   개혁(改革, reform) : 제도나 기구 따위를 새롭게 뜯어 고침. 한복을 개량한복으로, 전통혼례 중 일부를 개선하는 정도, 한식을 퓨전한식으로 등

8   시정조치(是正措置, Corrective Actions) : 발견된 부적합 또는 바람직하지 않은 잠재적 상황의 원인을 제거하기 위한 조치. 합리적인 대책을 수립한 후 동일한 사고가 재발하는 것을 방지하기 위하여 취해지는 안전 확보책.

는 운동체적 정신과는 다소 거리가 있을 수 있다.

하지만 시대적인 현실 상황에 의해서, 정글의 법칙이나 생존의 법칙에 따라서 어쩔 수 없이 다소 융통성을 발휘하는 것일 뿐, 그렇다고 조합의 근본적인 정신을 완전히 훼손하거나 간과하는 것은 아니다. 오히려 우리 농촌의 활기찬 미래를 위한 노력으로 보아야 한다.


## (1) 조합장 관련 문제

조합장은 조합의 장(長: 우두머리)인데, 뭐 때문에 그렇게 말이 많고 탈도 많은가? 간단하게 생각하면, 조합장은 농어민으로 수십 년 동안 농어업에 종사해 온 농어업 전문가다. 또 조합의 조합원 중 한 사람이고, 조합원의 대표이다.

그래서 그 분야에 깊은 지식과 경험을 쌓아 성공한 사람들로서, 박사들마저도 그 분야에서는 도움을 받아야 할 정도이다. 또 그 지역에서 상당한 영향력이 있는 사람이기도 하다.

그래서 속내에는 누구보다도 '성공 DNA[9]'를 가지고 있어, 승부욕과 열정으로 가득 차 있기 때문에, 의기중천(意氣中天)한

----------

9  주로 창업기업(스타트업)이나 벤처기업이 다른 기업을 인수합병하거나 상장을 하는 등 소위 대박이 난 경우를 가장 성공했다고 한다. 그런데 이런 성공을 한 기업이 두 번 세 번의 성공을 하더란 것이다. 이렇게 사업의 성공에 의한 경험과 노하우에 의해 사업의 청사진과 인맥, 특히 자신감이 생겨서 성공 확률을 계속해서 높이는 선순환 구조를 만드는 것을 성공 DNA라 한다.

인물이 많다.

선배 조합장들이 근무할 때를 생각해 보면, 그야말로 대통령의 자리도 부럽지 않을 만큼의 막강한 권한과 부가가치를 누리고 있었다. 그 모습만 생각하면 웃음이 절로 나올 수 밖에 없다.

그러나 결론적으로 조합장은 농수산업의 전문가이고 조합원의 대표는 맞으나, 그렇다고 해서 경영에 대한 전문가는 분명하게 아니라는 것이다.

조합의 규모가 확대되고 경영환경과 관련한 제반 여건이 매우 복잡해진 현재의 상황을 고려하면, 조합경영을 직접 하기는 어렵다. 더 사실대로 말하면 효율적인 조합 경영을 조합장이 직접 하기는 거의 불가능하다. 그렇기 때문에 조합 경영은 전문경영인에게 확실하게 맡겨서 조합의 설립취지와 목적을 달성하게 해야 함은 물론이고, 지속적으로 발전을 도모하여 농어민이 행복할 수 있도록 해야 한다.

[전국 농·수·축협 조합장선거]

## | '돈다발 선거 난무'…어김없이 진흙탕

위법행위 500건 중 126건 고발·수사 의뢰…

'기부행위' 가장 많아

선관위 '금품선거 무관용 적용, 선거 끝난 후도 추적' 엄정대응 방침

'억대 연봉+막강 권한' 조합장 견제 장치가 없다.


일부 후보자는 금품선거에 엄정 대처하겠다는 선거관리위

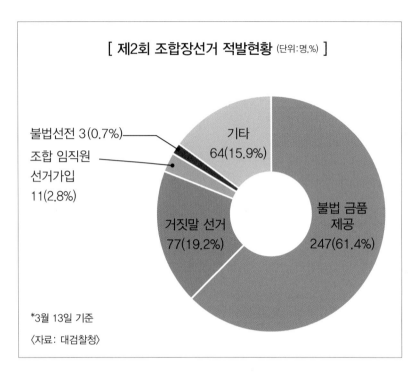

[ 제2회 조합장선거 적발현황 (단위:명,%) ]

불법선전 3(0.7%)

조합 임직원
선거가입
11(2.8%)

기타
64(15.9%)

거짓말 선거
77(19.2%)

불법 금품
제공
247(61.4%)

*3월 13일 기준

〈자료: 대검찰청〉

원회의 경고에도 불구하고 각종 불법행위를 저지르다 처벌 위기에 놓였다. 위법행위는 선거운동 또는 지지 청탁과 함께 현금을 건네는가 하면 식사나 선물을 제공하는 등 다양하다. 이런 것들 때문에 언제든지 항시 조합장선거에서는 당선무효가 다수 나올 것이란 우려 섞인 걱정들을 하는 이가 적지 않다.

# | 여직원 성폭행 의혹 K ○○농협 조합장 사퇴 여론 확산(2019.04.26.)

여직원 성폭행 외 다양한 비리 의혹을 받고 있는 K ○○농협 조합장의 사퇴를 요구하는 여론이 확산되었다.

시민단체 활빈단은 ○○농협 앞에서 기자회견을 갖고, K 조합장의 사퇴와 사법당국의 구속 수사 등을 촉구했다. 이들은 "K 조합장은 '경(敬)'의 철학으로 윤리경영을 한다고 했지만 실상은 '황제 경영'으로 비리를 누적시켰다."고 주장했다.

특히 "K 조합장은 피해자 회유와 증거 은폐의 우려가 크다."며 "검찰과 경찰은 K 조합장에 대한 구속수사가 필요하다."고 촉구했다.

이에 앞서 K ○○농협 조합장은 여직원 성폭행을 시작으로 생강 출하조절 센터부지 고가 매입, 언론 인터뷰 임원 전원 제명 시도, 경찰서 뇌물 상납, 간부 자녀 학자금 부당 지급, 선거 전 조합원 협박 문자 발송 등의 의혹을 받아 왔다.

한편 '활빈단'은 여직원을 수차례 성폭행하고, 2억 원의 돈을 요구한 의혹으로 K ○○농협 조합장 등을 검찰에 고발한 바 있다.


## ┃농·수·축협 등 지역 조합 채용 비리 1,040건 적발… 2019.11.08.

농림축산식품부와 해양수산부, 산림청은 전국 609개 지역조합의 채용 실태를 조사해 채용비리 1,040건을 적발했다고 7일 밝혔다. 대상 지역조합은 농·축협 500곳, 수협 47곳, 산림조합 62곳이다.

그동안 농협과 수협·산림조합중앙회가 자체적으로 지역조합의 채용 실태를 조사했지만 이번에는 처음으로 정부에서 조사를 주도했다.

농협과 수협, 축협 등 지역조합에서 각종 채용비리가 드러났다. 투명한 채용 절차 없이 직원 자녀를 뽑거나 임원이 점수 변경을 시도하기도 했다. 고객 예금을 빼돌린 조합원 자녀를 무기 계약직으로 전환하는 황당한 사례도 있었다.

정부는 비리 혐의 23건을 수사 의뢰하고 중요절차 위반 156건의 관련자에 대한 징계·문책을 요구하기로 했다. 단순 기준 위반 861건에는 주의·경고 조치 등을 취하기로 했다.

정부는 채용비리 근절을 위해 채용방식 대폭 전환, 채용 단계별 종합 개선대책 마련, 사후관리 강화 등을 추진하기로 했다.


## | "도와 달라" 현금 뿌렸다가 줄줄이 고발·구속돼

포항에서 선거운동 지원과 지지를 부탁하며 현금을 뿌린 혐의(공공단체 등 위탁선거에 관한 법률 위반)로 모 조합장 후보가 검찰에 고발됐다.

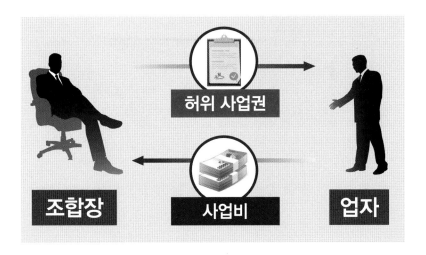

이 후보는 지난 1월부터 이달 초까지 10여 차례 선거운동을 도와달라는 부탁과 함께 활동비 명목으로 조합원을 포함한 2명

에게 현금 660만 원을 준 혐의를 받고 있다.

창녕지역에서는 지역 조합장 선거 후보자로부터, 금품 살포를 부탁받고 현금 630만 원과 조합원 명부를 받은 혐의로 해당 후보자의 지인(59)이 경찰에 구속됐다.

경찰은 현금 등을 지인에게 건넨 혐의로 후보자 본인에 대해서도 사전구속영장을 신청한 상태다. 전남에서도 지난 2월 조합원에게 현금 30만 원을 준 혐의로 모 조합장 후보가 검찰에 최근 고발된 바 있다.


## | 양주·버섯 세트에 쌀 포대까지… 선물 공세 기승

현금이 아닌 현물로 선물 공세를 펼치거나 음식을 제공했다가 적발된 경우도 잇따랐다. 전남 모 조합장 후보 등 5명은 한 지역 모임행사에서 조합원들에게 277만 원 상당의 30년산 양주와 음식을 제공한 혐의로 검찰에 고발됐다.

이들 5명으로부터 양주 등을 받은 조합원 13명에게는 과태료 2천137만 원이 부과됐다. 인천에서는 지난달 조합원 61명에게 사과 선물세트를 1상자씩 택배로 보낸 후보자가 검찰에 고발됐다.

사과 상자를 받아 지체 없이 반송·반환 처리한 16명을 제외한 45명에 대해서는 과태료 총 1천260만 원이 부과됐다.

충남에서는 현직 조합장이 지난 1월 한 조합원 사무실을 찾아 귤 1상자를 준 데 이어 같은 달 조합원 자택 등을 찾아 2명에게 생굴 3상자를 건네는 등 10만 원 상당 음식물을 제공했다가 선관위에 적발됐다.

선거운동에 본격적으로 뛰어들기 전인 입후보 예정자 신분 때부터 불법행위를 저질러 적발된 경우도 있다. 전북과 충북에서는 입후보 예정자가 조합원들에게 각각 버섯세트와 쌀 포대를 돌렸다기 덜미를 잡혔다.


## | 사전선거운동·허위사실 유포도 여전…'선거 막바지까지 단속'

현금·선물·식사를 제공하는 각종 기부행위 외 위법행위도 이어졌다.

강원도 ○○의 한 조합장 후보는 선거운동 기간이 아닌데도 자신을 홍보하는 내용이 게재된 연하장을 소합원 등 2천600

여 명에게 우편 발송함으로써 사전 선거운동을 한 혐의로 고
발됐다.

경남 ○○에서는 지인이 컴퓨터에 설치한 프로그램을 활용
해 조합원 2천여 명에게 선거운동성 문자 메시지를 발송한 혐
의로 모 조합장 후보가 고발됐다.

상대방 입후보 예정자의 전과를 부풀린 허위사실을 조합원
에게 발송한 경남 모 조합장 예정자 역시 선관위의 단속망을
피해 가지 못했다.

이처럼 제2회 동시 조합장선거와 관련해 지난 10일까지 각
선거관리위원회에 접수된 전체 사건 건수는 모두 500건이다.
이 가운데 126건(25.2%)이 고발(116건)·수사 의뢰(10건)됐다.
374건(74.8%)에 대해서는 경고 등 조치가 취해졌다.

유형별로는 500건 중 192 건(38.4%)은 기부행위 등, 154건
(30.8%)은 전화 이용 선거운동 규정을 어긴 경우, 56건(11.2%)
은 불법 인쇄물 배부 등, 17건(3.4%)은 호별 방문인 것으로 집

계됐다.

공공단체 등 위탁선거에 관한 법률 위반 혐의를 받는 조합장 후보는 당선 이후 재판에 넘겨져 징역형 또는 벌금 100만원 이상의 확정판결을 받으면 당선무효가 된다.

선거관리위원회는 제1회 동시조합장선거 때는 총 867건에 대해 227건(26.2%)을 고발(171건)·수사 의뢰(56건)한 바 있다.

당시 경남과 제주 지역농협 각 1 곳에서 당선무효가 발생, 재선거가 치러진 바도 있다.

## | '비리 백화점' 농·수·축협 … 피해는 조합원 몫

농협이나 축협, 수협 같은 협동조합에서 최근 각종 비리가 잇따라 적발되면서 협동조합 자체가 흔들리고 있다. 고양이한테 생선을 맡긴 격이었다는 비난이 쏟아졌다. 비리 근절 대책은 없는지 차례로 보도했다.

작은 섬마을을 발칵 뒤집어 놓은 수협 직원의 조합자금 횡령사건, 피해금액 190억 원은 이 수협 자산의 3분의 2에 육박한다.

"재고, 창고에 재고가 있는 것처럼 속이니까 경영에는 문제가 없어서." 경남 고성수협에서는 직원이 고객예금 12억 원을, 전남 남면에서는 면세유 판매대금 1억 4천만 원을 횡령했다가 적발이 됐다.

이렇게 농·수·축협은 횡령 같은 개인적인 비리에다, 조합의 잇속을 채우려고 도덕적 해이에 빠지면서 잇달아 물의를 일으키고 있다.

축협조합장들이 1억 4천만 원의 해외여행을 사료납품 대가로 공짜로 다녀오고, 전남 ○○농협은 묵은 쌀을 햅쌀로 둔갑해 24억 원을 챙겼다.

축협을 포함한 농협 비리는 최근 2년 동안 150건에 1,300억 원, 수협은 최근 6년 동안 37건에 72억 원에 이르고 있다. 자체 처리하는 관행을 감안하면 실제는 이보다 훨씬 많다. 비리에 따른 피해는 조합원인 농어업인들이 고스란히 지게 된다.

전남에서 생산된 기름진 햅쌀, 그리고 남해안의 싱싱한 마른멸치 등 농·수·축협은 농어민과 도매인들을 통해 이런 농수산물을 사들인 뒤 유통업체에 되파는 경제 사업을 하고 있다.

문제는 많은 현금과 현물을 다루는 경제 사업 한 부서에서 십수 년씩 일하는 직원들도 있어서 비리의 유혹에 쉽게 넘어갈 수 있다는 거다.

전국의 농협은 지역 조합과 축협을 합쳐 모두 5천7백여 곳, 사업 규모는 300조 원에 달한다.

# [ 390조 움직이는 '보이지 않는 손' ]

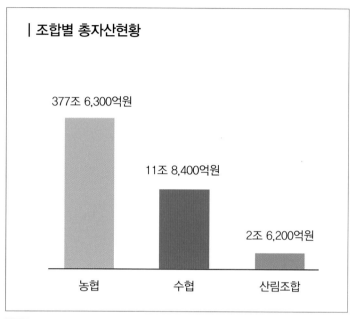

| 조합별 총자산현황

377조 6,300억원

11조 8,400억원

2조 6,200억원

농협   수협   산림조합

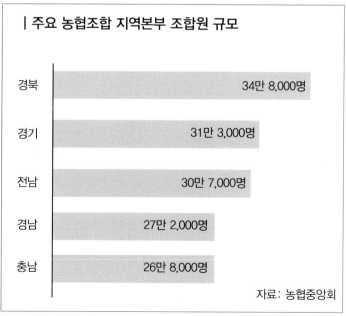

| 주요 농협조합 지역본부 조합원 규모

경북   34만 8,000명

경기   31만 3,000명

전남   30만 7,000명

경남   27만 2,000명

충남   26만 8,000명

자료: 농협중앙회

## [ 제2회 전국동시조합장선거 위법행위 조치현황 ]

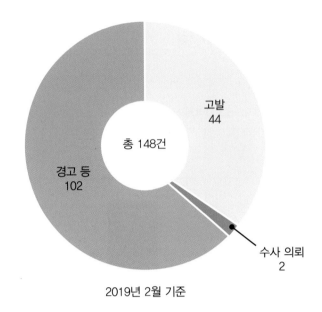

고발
44

총 148건

경고 등
102

수사 의뢰
2

2019년 2월 기준

| 유형 | 건수(건) |
| --- | --- |
| 기부행위 | 80 |
| 인쇄물 관련 | 29 |
| 전화 이용 | 15 |
| 시설물 관련 | 6 |
| 정보 통신망 이용 | 5 |
| 허위사실 공표 | 4 |
| 호별방문 | 4 |
| 지위이용 선거운동 | 3 |

수협도 전국 210곳에서 총 40조 원의 사업을 한다.

이처럼 큰 규모에 비해 비리를 적발할 수 있는 방법은 턱없이 적다. 자체감사나 내부 고발뿐이다. 농협의 경우 1년에 한 차례 중앙회가 지역 조합을 감사하는 것이 전부. 감사 담당 직원 한 명이 지역 조합 7곳을 맡고 있다.

이 때문에 전문가들은 농·수·축협에 대한 감시와 견제를 내부 감시 기능에만 맡겨 둘 게 아니라 몇 년에 한 번씩이라도 이해관계가 없는 외부 전문기관에 감사를 맡겨야 한다고 말한다. 또, 강제 순환근무를 통해 비리 개입의 여지를 줄이는 것도 필요하다는 지적이다.


## | 조합장의 막강한 권력이 만든 '억대 뇌물·성폭력' 비리 (2019.02.14.)

인천의 모 농협 조합장 A씨가 횡령 혐의로 구속됐다. 부동산 중개인을 통해 시세보다 부풀려진 가격에 토지를 매입하고, 차액을 돌려받는 수법으로 조합 돈 3억 8000만 원을 가로챈 혐의였다.

지난해 말 제주에서는 조합장 B씨가 여직원 성폭력 혐의로 구속됐다가 풀려나자 조합원들이 "보석을 철회하라."며 삭발 투쟁을 벌이기도 했다.

　또 조합원들은 "수감 중인 조합장이 자신에게 유리한 탄원서를 받아 올 것을 지시했다."고 주장했다.

　경북 ○○에선 ○○농협 조합장과 임원 등이 선진지 견학을 떠나면서 '도우미'를 동반한 사실이 알려져 비난을 받았다. 사건이 불거지자 임원들은 "각자 돈을 냈다."고 해명했지만, 비난은 수그러들지 않고 있다.

　최근 들어 농협 비리가 봇물 터지듯 터져 나오고 있다. 입에 올리기조차 민망한 추태들도 연일 언론을 장식하고 있다.

　○○농협에서는 조합장을 비롯해 상임이사와 이·감사 등 임원 10여 명이 지난 2015년부터 2017년 사이 세 차례에 걸쳐 조합 예산으로 선진지 견학에 나섰다.

　이들은 대절한 버스에 신원을 알 수 없는 여성들을 태운 채

관광지와 식당, 노래방 등에 간 것으로 드러났다. 전남 ○○농협 조합장을 비롯한 16명은 2017년 1월 베트남 해외연수에서 성매매를 했다는 의혹으로 수사를 받고 있다.

추문이 불거지는 ○○조합장들의 해외연수에 관해 어느 전직 조합장은 '대부분의 조합장들이 일 년에 서너 차례씩 정례적으로 조합 돈으로 해외 연수를 다닌다.'고 했다. 말이 연수이지 해외여행이고, 일반인들이 상상하지 못하는 일들이 해외에서 일어나고 있다는 뒷말이 무성하다.

전북 ○○의 ○○축협은 사업장부지 매입비용을 부풀려 집행한 의혹을 받고 있다. 이렇듯 조합의 온갖 비리와 의혹이 끊이지 않고 있다. 선거를 앞두고 상대 후보에게 타격을 주기 위한 폭로라고 할 수 있지만 그만큼 조합에 각종 비리가 만연돼 있다는 증거이기도 하다.


## | 도 넘은 농·수·축협 부패, 통제체제 혁신을

농·수·축협의 비리가 어제오늘 일은 아니지만, 최근 불거진 사건들을 보면서 또 다시 복마전의 농·수·축협에 대해 개탄하지 않을 수 없다.

온갖 유형의 비리가 끊임없이 터져 나오는 것도 모자라 거액 횡령사건까지 발생하고 있다는 것은 정말 대단히 우려스러운 일이다.

경남 통영해양경찰서는 어제 통영시 ○○수협의 한 직원이 최근 4년 동안 마른 멸치 구매내역을 조작하는 등의 수법으로 공금 130억 원을 횡령한 사실을 확인했다고 밝혔다.

그는 횡령한 돈을 차명계좌에 넣어 관리하면서 여러 채의 아파트 구입, 고급 외제 승용차 임대 등에 사용했다고 한다.

이에 앞서 지난 7월에는 경남 고성군 고성수협의 20대 여직원이 고객예금 12억 원을 빼돌린 혐의로 경찰에 적발됐다.

지난 4일에는 전남지방경찰청이 "해남군 ○○, ○○ 두 조합의 조합장 등 임원들이 묵은쌀과 햅쌀을 섞은 것을 햅쌀로 속이거나 일반 쌀을 친환경 쌀로 속여서 대량 판매한 사실을 적발했다."고 밝혔다.

전북지역 축협조합장 10명은 2010년부터 3년간 유럽과 하와이 등지를 부부동반으로 여행하면서 축산사료를 납품하는 농협사료에 여행경비 1억1400만 원을 부담시켰다가 입건됐다.

## | 전조합장이 현조합장·상임이사 고발(채용비리, 업무상배임)

○○○○축협이 부실 경영을 하고 채용 비리를 저질렀다는 의혹이 제기됐다. 2019년 5월 ○○경찰서에 따르면 ○○축협 전직 조합장 A씨는 지난 2월 현 조합장 B씨·상임이사 C씨를 특정경제가중처벌 등에 관한 법률 위반과 업무상 배임 혐의로 검찰에 고발했다.

A씨는 고발장에서 "B씨와 C씨가 특정업체에 한도를 넘는 육류를 외상으로 납품하고 송아지 300여 마리를 수의계약으로 구매한 행위에 대해 지도·감독하지 않아 조합에 7억여 원의 피해를 입혔다."고 주장했다.

그는 "475마리 송아지 가운데 175마리는 전자경매를 하고 300마리는 수의계약을 해 경매가보다 마리당 20만~30만 원씩 더 준 것으로 보인다."고 덧붙였다.

A씨는 직원 특혜 채용 의혹도 제기했다. 그는 "2013년부터

최근까지 조합장·상임이사·이사·대의원 등의 친·인척 및 지인 20~30여 명이 계약직원으로 채용됐다. 이들 가운데 상당수는 정규직으로 발령받았다.”며 “조합 규정상 직원 채용은 인사위원회를 열어 처리해야 하는데도 이들은 이런 과정 없이 채용되는 특혜를 받았다.”고 주장했다.

도축장 부실 운영 문제가 불거지자 비상대책위원회가 구성됐다. 비대위측은 “채권확보 미숙·한도 초과·외상 납품 등 부실 거래로 인해 조합에 15억여 원의 손·부실이 예상된다.”며 “진상을 철저히 조사해 책임자를 처벌하고 손실액을 변상하도록 해야 할 것.”이라고 주장했다.

이에 대해 조합장 B씨는 “비대위 측이 주장하는 내용 중 일부는 이미 해결됐으며, 한도 초과 외상 납품에 대해선 담당 직원들을 대기발령하는 등 1차 징계를 마쳤다.”면서 “나머지 금액 등에 대해선 해당 업체의 대지·밭 등에 대한 경매를 추진 중이어서 피해 금액을 대부분 회수할 것으로 본다.”고 말했다.

또 “송아지 구매는 중앙회 감사에서 문제가 없다고 나왔고, 직원 채용의 경우 대부분 계약직으로 서류전형·면접만으로 채용이 가능하다. 대부분 터무니없는 내용이며, 법적 소송을 준비하고 있다.”고 밝혔다.

# | ○○군수협, 조합장 및 임직원 11명 단체로 횡령·배임 유죄…. 비리집단 오명<small>(○○조합장 징역 1년 형, 정모 이사 징역 8월, 관련 직원 각 벌금형)</small>

전남 ○○군 수협 ○○○ 조합장을 비롯한 이사, 지점장, 임직원 등이 연루된 비리 사건을 법원이 업무상횡령, 업무상배임 등으로 유죄 판결해 ○○군수협이 비리집단이라는 비난을 받고 있다.

광주지방법원 형사1부(재판장 ○○ 외 2)는 업무상횡령, 업무상배임 등 혐의로 기소 된 ○○군수협 ○○조합장과 前 상임이사 정모씨, 前 북부지점장 김모씨(現 지점장), 前 흑산지점장 강모씨(現 상무), ○○군수협 과장 박모씨(現 과장), 前 ○○군수협 과장 신모씨(現 지점장), ○○군수협 직원 김모씨(現 대리), ○○군수협 송공사업소 직원 김모씨, 흑산지점 직원 박모씨(現 대리)와 이에 가담한 김모씨 등 총 11명에 대해 원심을 파기했다.

○○조합장에 대해서는 징역 1년 집행 유예 2년, 상임이사 정모씨에 대해서는 징역 8개월 집행 유예 2년을, 나머지 임직원들에게는 각각 벌금형을 구형했다.

재판부는 이들이 5년에 걸쳐 계획적이고 조직적으로 ○○군수협의 내부 규정을 위반해 가며 약 1억 3,000만 원에 이르는 예산을 횡령했고 그 기간과 수법, 피해액 등에 비추어 죄질이 무겁다고 판단했다.

특히 ○○ 조합장과 이사 정모씨에 대해서는 예산 집행 최종 결정권자로서 사건을 전체적으로 지시 및 실행했고, ○○조합장이 횡령금액 대부분을 사용한 점, 배임금액이 6,700만 원에 이르는 점과 피해액 대부분이 회복되지 않은 점 등을 양형 이유로 언급했다.

다만 피고인들이 대체로 사실관계를 인정하는 점, 횡령 범행이 관행적으로 이루어져 위법인식이 미약한 점, 배임으로 인해 ○○군수협이 입은 손해는 회복된 점 등은 양형에 참작했다.

○○ 조합장은 언론 및 유관기관과의 긴밀한 관계 유지로 선출직의 유리한 여론을 형성하여 지지기반 세력으로부터 인심을 얻고, 기득권의 입지를 공고히 할 목적으로 기자 및 유관기관 직원들에게 현금을 제공하고자 ○○군수협 직원들에게 현금마련을 지시했다.

이에 기소된 ○○군수협 직원들은 ○○군수협 법인카드를 이용해 실제 거래금액보다 과대계상 된 금액으로 결제(속칭 카드깡)하거나 허위 영수증, 계약서, 견적서 등을 이용해 거래업체에 지급 처리한 후 돌려받는 수법으로 비자금을 마련했다.

이들은 이 과정에서 친인척의 수산물 점포를 이용하기도 했다. 현재 ○○조합장 등은 대법원에 상고를 하고 최종 판결을 기다리고 있다. ○○군수협 조합원 A씨는 "○○수협은 40년 적자를 벗고 어렵게 살아남았는데 조합장과 임직원들이 한통속으로 조합원의 재산을 갈취했다는 사실이 개탄스럽다. 고양이에게 생선을 맡긴 셈이다."라며 분통해 했다.

이어 "○○ 조합장은 지난 2009년 4월 최초 조합장으로 당선된 뒤 현재까지도 수많은 비리 의혹을 받아 왔다. 이에 수협 중앙회 등에 수차례 민원을 제기 했지만 전혀 개선되지 않았다. 고등법원에서라도 진실이 밝혀져 다행이다."라고 말했다. 그는 "비리에 연루된 ○○ 조합장과 지점장, 직원들이 아직도 현직에 있다. 담당 정부 부처에서 적절한 인사 조치를 취해 주기 바란다."라고 덧붙였다.

최근 몇 달 새 드러난 비리사건은 이 밖에도 부지기수다. 신용불량자여서 대출을 받을 수 없는 사람에게 돈을 빌려주고 그 대가로 수억 원대 금품과 향응을 받은 수협 지점장도 있다. 그리고 허위 물품구입 서류를 근거로 대금을 송금한 뒤 잘

못 보냈다고 연락하여 다른 계좌로 반환케 해 착복한 농협 하나로마트 점장도 있다.

농·수·축협이 이렇게 비리 백화점이 된 것은 내적·외적 통제체제가 제대로 갖춰지지 않은 탓이 크다. 중앙회에서부터 단위조합에 이르기까지 임직원의 준법 여부를 상시 감시할 수 있는 내부 통제체제를 자체적으로 재점검·강화해야 한다. 아울러 각급 조합의 운영에 관한 정보에 조합원들이 보다 쉽게 접근할 수 있게 하여 운영의 투명성을 높여야 한다.

외적 통제체제를 강화하는 일에는 정부가 나서야 한다.

협동조합을 주식회사처럼 다룰 수는 없겠지만, 농·수·축협은 300만 농어가 인구의 권익과 직결되는 조직이라는 점에서 자율감시에만 맡겨 놓을 수는 없다.

기획재정부·금융감독원·농림축산식품부 등 관련 부서가 농·수·축협과 협의해 외적 통제체제를 갖출 수 있는, 개혁 방안을 찾아야 한다.

'농협개혁' 연속 인터뷰를 통해 "농협에 과연 희망이 있나?"라는 질문이 나온 적이 있다. 현장 농민들의 질문이다. 농협에 대한 절망감을 표현한 것이다. 이 질문에 대한 답을 찾기 위해 〈한국농정〉은 10회에 걸쳐 현장의 농협 전문가들을 찾아 그들의 목소리를 보도했다.

전문가들은 무엇보다 농협이 태생적으로나 운영상 여러 문제나 한계가 있고 한국 농업의 구조상 농민과 농협은 떼려야 뗄 수 없는 관계라며 조합 개혁의 필요성을 천명하는데 한 목소리를 냈다.

대부분의 전문가들이 괴물이나 공룡 등으로 농협을 표현했다고 한다. 지주체제로 완료된 사업구조 개편은 ○○중앙회가 구성원(임직원)의 기득권을 지키기 위한 생존전략으로 선택했고, 협동조합으로서의 정체성을 잃었다. 확장되는 계열사도 마찬가지 맥락에서 볼 수 있다.

전문가들은 "무늬만 협동조합이 아니라, 협동조합 정체성을 회복하는 게 우선이다. 그러므로 조합의 사업적 기능은 아예 없애거니 축소를 하고, 정작으로 기장 중요한 농정활동과 교육지도사업에 집중해야 한다."고 말했다.

현재 농협이 중요하게 추진하고 있는 농가소득 5,000만 원 달성은 이상에 불과하며 소위 정치적 쇼맨십이라는 평가도 있다. 농협의 여러 문제를 가리기 위한 위장막이라는 평가이다.

농어민의 입장에서는 농가소득이 실제로 오르려면 농산물의 제값 받기가 중요한데도, 농협은 각 영역에 걸쳐서 진행한 사업들이 어느 정도 농가소득에 기여했다고 홍보만을 하고 있다.

어떤 문제를 해결하기 위해서는, 그 문제에 해당하거나 관련이 되는 가능한 한 많은 자료를 모으고, 그 자료들을 정리하고 분석을 해서 제대로 된 방법으로 진단을 해야 하며, 정확하게 처방을 내려서 아주 냉정하고 단호하게 실천을 해야 비로소 그 문제를 해결할 수 있다.


## (2) 상임이사 관련 문제

먼저 상임이사제도에 대해 회원조합의 관계자와 중앙회를 비롯해서 정부의 담당자들까지 핵심적인 라인에 있는 분들은 모두 상임이사제도인 전문경영인제도에 대해 정말 제대로 잘 이해하고 있다고 본다. 그래서 물어 보고 싶다. 그렇게 막강한 실적을 갖춘 사람들 중 어떻게 한 사람도 이의를 제기하지 않았는지? 했는데도 이렇게 하는지? 꼭 알고 싶다. 상식적으로 볼 때 알고는 절대적으로 이렇게 할 수는 없다고 생각한다. 최근에 규모가 큰 조합들에서 이상한 일이 발생했다. 한 조합에 상임이사 2명(경제담당, 신용담당)을 운용하는 사태이다.

이것이 말이 된다고 생각하시는지? 정말로 궁금하고 궁금할 따름이다. 어떻게 한 조합에 전문경영인 2명을 운용하겠다는 생각을 했는지? 과연 누구의 발상인지 알고 싶다. 이런 것을 두고 옛말에 "반풍수가 집구석 망친다."고 했다. 또 시중에 '반풍수는 살인보다 무섭다.'는 책이 있을 정도다. 조합의 '상임이사'를 기업의 '이사', '상무', '상무이사' 중 하나로 착각을 하는 것 같다.

　이래서 직명을 잘 지어야 한다는 것이고 조합 상임이사의
직명을 잘 못 지었다고 하는 것이며, 제대로 지어야 하는 것이
다. 어떻게 보면 착각을 할 수도 있을 법하다. 아무리 그래도
그렇지, 일반 사람들은 몰라도 해당하는 주무 담당자나 책임
자가 이런 착각을 할 수는 없다고 생각한다.
　아니 쉽게 생각을 해서 전문경영인 제도가 없었던 시기, 조
합의 전무를 최고 책임자(직원)로 운용했던 시절을 생각해 보
면, 바로 알게 될 것이다. 아무튼 중요한 것은 조합이라는 큰
조직이 이러한 큰 오류! 큰 잘못이 생겨도 전혀 이상하지 않을
정도라는 것이다. 이렇게 조합의 근본적인 문제가 흔들려도
누가 제대로 지적해서 바로잡지 못할 정도로 탄탄하지 않다는
것을 방증하는 것이다. 그래시 이제는 좀 정신을 바짝 차리고
건강한 개혁을 하자는 것이다.

　'상임이사를 선출'하는 과정은 곧바로 조합장 선거의 전초전
처럼 인식되고 있다. 이 제도 역시 조합장이 권력 잡기의 연장
선상에 있는 것이다. 조합장의 상임이사 제도에 대한 의식부
족과 제도의 허점 등에 의해 다 함께 비리와 부패의 온상이 되
어 왔다.
　조합 상임이사의 뉴스 중, 최근에 매스컴을 통해 등장하는
제목들만 보더라도, 상임이사제가 얼마나 형식적인지 알 수

있다. 매스컴의 상임이사제 관련 뉴스 제목은 다음과 같다.

'상임이사의 장기간 공석', '상임이사 선출을 위한 인사추천위원에서 조합장 배제', '퇴직을 앞둔 내부 직원들의 잔치로 전락', '선출과정 법적·제도적 보완필요', '상임이사 자격도 문제', '중간평가 방식 개선을', '책임만 있고 신분보호 장치가 미흡하다', '상임이사 신분보장 없이 조합발전 불가능', '상임이사제의 안정적 정착 요원한가?', '합리적 책임경영체제 갖춰야'.


## | ㅇㅇ수협 조합장·상임이사 구속 후 비상체제 가동

ㅇㅇ수협이 비리 혐의로 경영전반을 총괄하는 조합장과 상임이사가 모두 구속되는 초유의 사태가 발생해 어수선한 분위기다.

이에 수협은 긴급이사회를 소집해 직무대행 중심의 비상경영체제를 가동하는 등 경영정상화에 나서고 있는 가운데 임직원들과 조합원들은 이번 사태가 어떻게 전개될지 촉각을 곤두

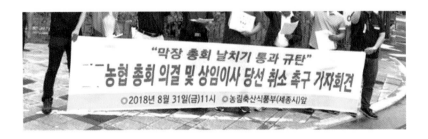

세우고 있다.

○○경찰서는 지난 5일 수산물 냉동창고를 실제 가격보다 비싸게 매입해 7억여 원의 손해를 입힌 혐의(업무상배임) 등으로 조합장 김모(61) 씨와 상임이사 이모(59) 씨 등 2명을 구속했다.

경찰의 수사 이후 수사상황을 지켜보던 조합 안팎과 지역 사회는 조합장과 상임이사가 구속되자 당혹감을 감추지 못하는 모습이다. 두 사람 모두 조합 경영전반을 총괄하는 위치에 있어 도주 우려가 적은 데다, 김 조합장은 지역사회에서 다양한 활동을 하고 있는 점 등이 참작돼 구속은 피할 수 있을 것이라는 의견이 지배적이었기 때문이다.

하지만 다른 일각에서는 "풍문으로 떠돌던 소문이 사실로 드러났다."며 검찰의 추가 조사와 법원에서의 재판과정을 지켜보자는 분위기다.

수협은 조합장과 상임이사의 구속 후 지난 6일 긴급 이사회를 열어 ○○ 선임이사 직무대행 체제로 비상 경영에 들어갔다. 수협은 현재 김 조합장이 수감돼 있는 ○○경찰서에서 주요 업무를 보고하고 동의를 얻어 결제하는 방식으로 업무를 추진하고 있다.

수협 안팎에서는, 앞으로 진행될 검찰의 추가 조사와 재판 과정에서 김 조합장 측이 "수산물 냉동 창고 매입 당시 정상적인 감정평가 작업을 거쳐 수협 이사회의 승인을 받아 매입이 이뤄진 만큼 문제가 없다"는 논리를 펼 것으로 내다봤다.

반면, 다른 쪽에서는 수협이 문제의 냉동 창고를 당초 매입 목적인 수산물 냉동보관용으로 사용하지 않고 당시 조합장 유력 후보였던 김 조합장에게 임대해 줘 명태의 할복장으로 활용케 하는 등 굳이 매입할 필요가 없는 냉동창고를 고가로 매입해 수협에 손해를 끼쳤으면 이에 대해 책임을 져야 한다는 주장도 나오고 있다.

이외에도 수협 안팎에서는 지난 2003년 조합장과 상임이사가 군납 비리 혐의로 구속된 적이 있다. "실제로 2000년 이후 경영진 등이 각종 비리 의혹으로 구설수에 올랐다."며, "수협 내부에 비리 근절을 위한 차단장치 마련이 시급하다."는 목소리도 나오고 있다.

○○수협 관계자는 "조합장과 상임이사 구속 후 노사 모두 경영 정상화를 위해 노력하고 있다."며 "수협의 경영 정상화와 어민복지에 만전을 기하도록 하겠다."고 했다.

이런 것들뿐만 아니라, 이들의 연장선상에 있는 여러 가지의 문제와 함께 이런 문제들의 근원적이고 핵심적인 요소가 될 수 있는 것들이 매우 많음을 인지하고 대처해야 한다.

특히 조합장과 상임이사를 비롯한 임직원들에 의해서 다양한 유형의 수많은 불법과 비리가 곳곳에 산재하고 있다는 것이 더 큰 문제이다.


이러한 일들이 한 번씩 가끔 마주치는 것도 아니고 연일 언론보도를 장식하고 있는데, 여러 가지의 사건들에 대한 소위 노랑신문에 등장하는 뒷얘기(비하인드 스토리)라든지 구체적인 사실들은 유형별로 몇 가지씩이라도 나열하고 싶을 정도로 많고 다양했다.

그러나 정말 글로 쓰거나 입에 올리기가 민망할 정도로 유치하고 치사한 내용들이 많다. 일반 상식적으로 상상할 수 있는 그 이상 심한 추태들로 인해 도저히 생략하지 아니할 수 없음을 이해해 주기 바란다.


이러한 것들에 대한 진위여부나 심각성의 정도는 조합을 상대로 하는 여러 언론매체들이 소상하게 잘 알고 있다.

언론사들은 이구동성으로 말한다. "전국의 1,300여 조합 중 어느 조합이든지 다들 깊이 있게 들여다보면 온갖 비리가 모두 쏟아져 나올 것이라고 추측하는 이들이 다름 아닌 조합원들이라고 한다."는 것이다.

조합원들은 대부분 고령이고 농협의 운영에 대한 이해가 높지 않다. 여기에 혈연과 지연, 학연, 각종 모임 등으로 연결되는 깊은 인연에 의한 관계를 중요시해야 하는 농어촌 지역의 정서상, 조합장이나 상임이사에게 바른 소리를 하기가 쉽지 않다.

우리나라에서 조합에 대해 개인적으로 연구를 하거나 정부의 정책을 맡아서 일하는 여러 기관의 책임자 중 조합과 농어업 및 농어촌을 걱정하시는 저명한 분들 중에서는 아직까지도 "'조합의 개혁'을 위해서는 유능한 조합장을 잘 뽑는 것이 가장 중요하다."는 말들을 하고 있다.

그리고 실제로 훌륭하고 능력 있는 조합장을 뽑기 위해서 노력도 하고 있다. 그러나 차기에 조합장이 되기 위해서 꿈을 꾸고 있는 사람을 비롯해서 "조합장이 된 사람은 당선이 되자마자 다음번 선거를 위해서 선거운동을 한다."고 보면 정확하다고 한다.

따라서 이러한 명색뿐인 조합장들이 경영에 대해 비전문가들임은 말할 것도 없다. 이들은 경영환경이 점점 어려워지는 현재 거대한 조합을 제대로 경영할 수가 없다. 그래서 조합장을 잘 뽑는 것도 중요하겠지만, 훨씬 더 중요하게 생각해야 할 것은 "전문경영인을 제대로 선발해야 한다."는 것을 강조하고자 한다. 이 전문가와 비전문가의 차이는 눈에 보이는 것이 다가 아니다. 쉽게 생각하면 크나큰 착각이고 오해이다.

비근한 예로 바둑이나 복싱 등을 비롯해서 어떠한 분야를 보더라도 프로와 아마추어는 감히 비교를 할 수 없을 만큼의 큰 차이가 있다는 것을 알 수 있을 것이다. 하물며 경영에 관한 전문가와 비전문가에 대한 것은 바둑이나 복싱 등에서 느끼거나 보는 차이를 훨씬 더 초월하는 차별화가 있다는 사실을 분명히 아셨으면 한다.

이제 조합의 자산 규모가 커지고 경영환경이 복잡해졌으며 여러 산업들과도 연계가 되고 있다. 이런 경영상의 문제를 제대로 이해하고 판단해야 하며 때로는 신속정확하게 실행해야 하는 상황이 매우 많아졌다. 경영상의 문제는 작은 것 하나도 소홀히 하거나 간과할 수 없다. 대부분이 톱니바퀴처럼 서로가 연관이 되어 있기 때문에 전체적인 경영에 영향을 준다. 그리고 인터넷이 발달되고 의식수준이 높아짐으로써 조직의 내부뿐 아니라 외부의 상황도 예민하게 신경을 써야 한다. 경우에 따라서는 어떤 사안의 크고 작음을 떠나 치명적인 것 하나 때문에 조직의 근간을 흔드는 사건의 발생이 많아지고 있는 추세다. 이런 경우 위기상황에 대한 대처능력에 있어서 전문가와 비전문가의 차이는 너무나 커서 비교를 할 수가 없다.

공기업보다 사기업이 전문경영인 제도를 먼저 도입한 것도 그만큼 사기업이 생사(生死)에 대한 민감도가 높기 때문에 자연스럽게 이루어진 현상이다. 그리고 뒤이어 조합을 비롯한 공적인 기업도 이러한 사회적인 분위기에 따라 경영상의 문제를 중요시하게 됨으로써 전문경영인 제도를 도입하게 된 것이다.

IMF를 겪은 후, 조합도 공기업과 마찬가지로 이 제도를 도입은 하였다. 하지만 형식적으로 흉내만 냈을 뿐, 진정한 제도의 본래 취지나 목적에 맞지 않게 시행하고 있는 것이 가장 큰 문제이다.

그러다 보니 본래의 취지나 목적이 좋은 제도임에도 불구하고, 이 제도로 선발되어야 할 전문경영인인 상임이사가 제대로 선발이 되지 못하니 당연히 제도의 효과가 나타나지 않는 것이다.

그러니까 이제부터라도 정신을 바짝 차리고, 제대로 이 제도가 본연의 목적과 취지에 맞게 실행이 잘 되도록, 근본적인 준비(양심적으로 솔직하게 기득권을 내려놓는 것)를 위해 다 같이 진심으로 노력을 해야 한다.

이것은 특히 조합장이 중심이 돼서 해야 하기 때문에, 조합장의 인식 전환이 매우 중요하고 조합장의 확고한 의지가 꼭 필요하다.

제4장

# 조합의
# 건강한 개혁

조합의 개혁은, 여러 역대의 대통령들까지 선거공약으로 내세웠고, 직접 나서서 챙길 정도로 중요했기 때문에 많은 사람들이 다양한 방법과 많은 인력을 총동원하여 시도를 하는 등 지속적으로 많은 노력과 지원을 받아 왔다.

　하지만, 아직도 제대로 되지 않고 있기 때문에 '백년하청'이란 말과 같이 기약도 없고, 세월이 흘러가기만 하면 누군가 해줄 것처럼 바라보기만 하는 것 같아서 너무나 답답하기도 하고 안타까운 마음이다.

　대통령 별로 추진했던 내용을 간추려 보면, 노태우·김영삼 정부 시절에 협동조합 민주화의 기초를 마련했다. 그러나 여전히 조합의 직원들은 관료적 성격을 버리지 못했고, 정부도 조합의 통제 버릇을 고치지 못했다.

　농어민인 조합의 조합원들도 협동조합의 가치 실현을 위한 철학과 가치를 공유하지 못했다. 자조와 더불어 협동의 가치를 추구하기보다는 단순히 정부의 한 기관처럼 조합을 대하면서 불만과 불신만을 쏟아낼 뿐이었다.

김대중 정부 들어서는 "농협의 관료적 성격을 무력화시키기 위해 농민이 소속된 지역 농·축협과 품목 농·축협이 자율성을 가지고 사업을 전개하도록 해야 한다."는 명분하에 중앙회 슬림화를 농정의 목표로 제시했다. 이를 위해 농협, 축협, 인삼협동조합의 중앙회를 하나로 통합했다.

하지만, 이러한 중앙회 통합 이후 단행되어야 할 중앙회 자산의 회원조합 이관은 일어나지 않았다. 오히려 3개 협동조합 중앙회의 합병으로 농협의 중앙회만 더욱 비대화되는 부작용만 발생하고 말았다.

참여정부 시절에는 농협의 신용사업과 경제사업에 대한 분리가 화두로 떠올랐으나, 자본금 부족 문제로 로드맵을 마련하는 것으로 마무리 지었다. 그 뒤를 이은 이명박 정부가 이를 곧바로 실행에 옮겨 농협 금융지주와 경제지주, 중앙회의 3개 법인으로 분리를 했다.

이것을 통해 농협은 협동조합 운동을 위한 농민교육과 지원은 중앙회가 도맡아 하고, 경제지주는 판매농협이라는 슬로건 아래 조합원이 생산한 농산물을 판매하는 기능 강화에 역점을 두기로 했다.

이렇게 조합의 개혁이라는 것이 어려운 것은, 세상사가 다 그렇겠지만 어떤 개혁을 하든 반드시 100%가 다 좋을 수는 없기 때문이다. 반드시 단점도 있고 반대급부도 있다. 불편한 사람도 있다. 또 비용과 시간도 필요하다. 비용이란 것도 생각보다 엄청난 금액이 필요할 수도 있다.

필자가 조합에 25년 가까이 근무한 경험을 바탕으로, 특히 상임이사로 근무하면서 뼈저리게 현실을 실감하며 터득한 노하우와 현재 조합원으로서 피부로 느끼는 것 등을 합쳐서 종합적으로 판단한 내용이 있다.

그것은 바로 단시간에 저비용으로, 가장 합리적이며 확실한 방안! 즉 가장 경제적이면서도 현명한 방법을 제시하는 것이다.

내가 이러한 생각을 아직껏 하고 있는 이유는 조합에 근무를 하면서 쌓인 조합에 대한 끈끈한 정과 함께 아직도 못다 한 사랑 때문이다. 아울러 조합에 대해 떨쳐 버리지 못할 정도로 연민의 정이 응축이 되었고 미련까지 남아 있어서 이것들에 의해 발동한 강한 용기와 책임감의 발로(發露)로서 이 말을 하는 것이다. 그렇게 경영지도사로서 컨설팅 경험을 해본 노하우와 역량으로 분석을 하고 진단을 했다.

협동조합 탄생의 근본적인 이념과 사상은 자본(돈)보다는 사람을 중심으로 한다는 것에 기초를 두고 있다. 그러한 인적단체이기 때문에 그 이념과 사상은 그 자체로서는 충분히 훌륭하고 좋으며, 이상적인 형태라고 생각을 할 수가 있다.

하지만 문제는 돈이다. 국가나 사회적으로 가장 기본적 단위인 가정을 보더라도, 모르는 남녀가 처음으로 만났을 땐 순수한 사랑만을 생각하기 때문에 별로 어려움이 없는 것 같지만, 차츰 경제적 수단인 돈 때문에 비로소 문제가 발생하여 사느냐마느냐 하는 사태까지 가게 된다.

또 사람보다는 돈을 중심으로 하는 자본적 단체인 기업의 경우는 그 반대가 된다. 돈으로 엮었으나 나중엔 사람이 문제가 되는 것이다. 어차피 돈 문제든 사람 문제든 장·단점이 있는 것인데도 불구하고 단점만 생각하기 때문에 불만이 생기고 이것이 쌓여서 문제가 된다.

아무튼 이렇게 필자가 '단시간에 저비용으로, 가장 합리적이며 확실한 방안! 즉 가장 경제적이면서도 현명한 방법'을 제시할 수 있는 것은, 지금끼지 수많은 선배님들의 엄청난 노력과 희생이 밑바탕이 되어 햇빛으로 찬란하게 동이 틀 새벽까지 오게 해 주었기에 가능한 일이다.


모든 노력에는 그로 인한 공과(功過)가 분명히 있고, 또 알맹이와 쭉정이가 함께 공존하고 있기 때문에 처음엔 쉽게 누구나 이것을 제대로 구별하거나 인식하고 찾아내지 못한다. 하지만 조금만 자기 생각을 얘기하다 보면 내가 찾아낸 것은 쉽게 누구나 다 아는 일반상식 같은 것이다.

세상의 일이 다 그렇다. 이제는 우리의 일상생활에서 가장 밀접한 컴퓨터만 보아도 결과만 보면 엄청나게 신기하지만, 정보를 처리하는 기본은 이진법(二進法)[10]으로 0또는 1을 기본단위 {비트(Bit)}로 한다.

또 발명에 대한 권리인 특허도 마찬가지다. 대단한 것들이 많은 것 같지만 설명을 듣고 나면 아무것도 아니고 누구라도 쉽게 아는 것이다. 그러나 그것을 구체화해서 특허등록을 한다는 것은 대단한 과업이다. 엄청나게 많은 실패의 결과물이다. 숱한 세월을 견뎌 온 인고의 창조물이다.

그러므로 각기 그 나름대로의 그 숱한 노력에 의해 탄생한 성과물에 대해서 조금이라도 인정을 해 주는 게 인간적인 도리이고 양심이다.

그것이 바로 여기서는, '책임경영제를 위한 상임이사제'이다. 조합이 그동안 시도한 여러 방법들 중에서 '책임경영제'를 도입한 것만큼은 자연스러운 현상이면서도 한편으로는 획기적인 것으로 볼 만한 사건이었다. 그런데 문제는 '무늬만 나무'라는 말과 같이, 형식적으로 흉내만 낼 뿐이고, 실질적으로는 '팥소(앙꼬) 없는 찐빵'이라는 것이다.

따라서 이를 타파하기 위한 해결책은 형식적으로 흉내만 내는 것이 아니라 이 제도의 핵심적인 취지와 목적(소유와 경영의

---------------

10 이진법(二進法)은 숫자 0과 1만을 사용하여, 둘씩 묶어서 윗자리로 올라가는 표기법으로 0, 1, 10, 11, 100이 된다.

분리)에 따라 반드시 실질적인 실천을 하는 것이다. 그런데 이를 위해서는 사람의 마음을 바꿔야 하는 아주 예민한 부분(역린)이 존재하기 때문에, 단기적인 방법과 중·장기적인 방법을 총동원해서 신중하게 해야 하며, 모두 다 함께 협력해야만 한다.

그렇지만 한편으로는 그동안 많은 분들의 숭고한 뜻에 의해 임시적이든 상시적이든 다양한 조직을 만들어서 지속적으로 조합개혁을 위해 물심양면으로 노력하신 선배님들 덕분에 이제는 새벽이 가까워진 것이다.

세상사 이치는 동트기 전 시간이 가장 춥고 힘들다고 한다. 이럴 때일수록 모두 다들 한마음 한뜻으로 힘을 모아 주고 분위기를 만들어서 자연스럽고 원만하며 조속하게 조합의 개혁이 이루어지기를 원하고 농어촌의 컨트롤 타워로써 역할을 잘해 주기기를 간절히 바란다.

이것은 지금까지 선배님들께서 피와 땀을 흘리며, 잘 그려 놓은 훌륭한 개혁의 용의 그림에 해당하는 것이고 마지막으로 '화룡점정'[11]의 단계에서 백년대계의 좋은 기운을 불어넣는 것이다. 이것을 순조롭게 잘 진행하는 것이야말로 반드시 필요하고도 가장 중요한 것으로서, 이 전문경영인제의 근본적인 취지에 맞게 실질적인 내용을 제대로 실행만 하면 된다.

-----------

11 화룡점정(畵龍點睛) : 용을 그린 다음 마지막으로 눈동자를 그린다는 뜻으로 가장 요긴한 부분을 마치어 일을 끝냄을 이르는 말.

　중요한 것은 실행하는 과정에서 다소 예민할 수 있는 부분
이 있기 때문에 준비를 좀 철저하게 잘해야 한다는 것이다. 만
약에 이것이 잘못되거나 오해가 있으면, 모든 것이 무산될 수
도 있기 때문이다.

　그래서 이 길이 순탄치 않을 수 있다는 염려 때문에 이 책을
통해 강조함으로써 보다 더 잘 이루어질 수 있도록 하고 싶은
마음이다.


　2019.3.11. 제2회 전국 동시 조합장 선거에서 농협 1,114
명, 수협 90명, 산림조합 140명으로 총 1,344명의 조합장이
선출되었는데, 일단 중요한 사회활동이나 업적들만 봐도 대단

히 훌륭한 분들이 많다.

이제는 더 이상 망설이거나 눈치를 보지 마시고 누가 먼저랄 것도 없이 모두 내가 먼저라는 생각으로 마음의 준비가 된 조합장부터 솔선수범하여 당장 이 길을 잘 걷겠다고 선언을 해 준다면 가장 좋은 것이다.

이미 시대적인 흐름과 국민의 수준이 향상됨에 따라 방향이 정해져서 가고 있는 중이므로 시기만 다를 뿐, 꼭 할 수밖에 없는 상황이다. 이미 대세이므로 언제까지라도 안 할 수는 없는 것이다.

사실은 원래부터 개혁(改革: 한자를 그대로 직역하면, 몸에 있는 피부(가죽)을 다시 바꾼다)이라는 것이, 한자의 직역과 같은 엄청난 고통과 시련을 겪어야 할 수 있는 것이기 때문에 그만큼 무척 힘들다.

쿠데타(프랑스어인데, 무력으로 정권을 빼앗는 일)보다도 어렵고 힘들다는 말이 있을 정도로, 사전에 아주 치밀하고 충분하게 계획을 잘 세워서 대단히 신중하게 접근을 해도 성공을 하기가 쉽지 않다는 것이다. 그러나 지금의 조합 개혁은 이러한 고정관념을 뛰어 넘는 것이라야 한다.

상임이사 재직 시 천신만고 끝에 만신창이가 돼서야 알아낸 방법은, 개혁을 하려면 핵심을 제대로 찾아서 가장 간단하고 쉽게 실천을 해야 한다는 것이었다. 또 이솝의 '바람과 해'에서

길 가는 나그네의 옷을 벗기는 것은 강한 바람이 아니고 따스한 햇볕인 것처럼, 머리띠를 매고 큰소리로 윽박지르면서 고함을 치기보다는 조용히 협의해서 진정으로 이해하도록 해야 한다는 것이었다.

단지, 역린지화(逆鱗之禍)와 같은 문제는 제대로 잘 파악하고 절대로 거슬리지 않게 하여, 여하히 용의 등에 타고 갈 수 있는 분위기를 만드는 방법을 찾아서 원만하게 출발하도록 하는 것이 중요하다.


이렇게 예민한 부분들을 지혜롭게 잘 극복하기 위한 방법으로써 "우리 모두는 다 함께 양심적이면서도 솔직하게 기득권을 내려놓아야만 된다."는 평범하면서도 가장 효과적인 비책을 깨우쳤다.

또 개혁은 핵심적인 걸 찾아 단순하게 풀어야 한다는 것도, 현장에서 원도 한도 없이 깨지고 터지며 만신창이가 된 후에야 비로소 알았다.

이 깨우침은 일이 터졌을 때, 단순히 즉흥적으로 대처하기 위해 생각해 낸 잔머리나 가십적 논리가 절대 아니다. 분골쇄신과 천신만고 끝에 받은 보상임을 반드시 이해해 주기 바란다.

실패한 뒤에 그 실패를 어떻게 바라보고, 또 그 실패에서 무엇을 배우느냐에 따라 그 실패의 가치가 달라진다. 즉 "실패의 가치는 남이 아닌 내가 결정한다."는 것을 실감했다.

또 리더들의 교과서라고 평가하는 『삶의 진정성』이라는 책에서 저자인 맨프레드 케츠 드 브리스는 "우리의 지혜는 성공보다는 실패에 의해 형성이 된다. 고난은 좀 더 편안한 환경에서는 잠잠하게 숨어 있을 재능들을 일깨우는 역할을 한다. 실수를 저지르는 것보다 나쁜 것은, 그 과정에서 교훈을 얻지 못하는 것이다. 지혜는 우리가 도달하지 못할 대단한 것이 아니라 실패로 인한 고통을 치유하는 과정에서 얻는 깨달음이다."라고 하였다.

그리고 벤자민 프랭클린은 "인간은 지혜를 돈으로 사든지 아니면 빌릴 수 있다. 돈으로 사는 경우 시간과 재산을 들여가며 에누리가 없는 정가로 사야 한다. 그러나 단지 빌리는 경우에는 타인이 겪은 실패로부터 값진 교훈을 얻는다."라고도 했다.


우리의 문제를 냉철하게 진단한다면, 기득권을 내려놓는 것이리기보다는 현실을 제대로 이해함으로써 차갑지 않고 객관적이며 합리적으로 판단하는 것이 필요하다. 우리가 착각에 의한 오류로 인해 판단이 흐려짐으로써, 일의 본질을 벗어난 행동으로 물의가 일어나기 때문이다.

조합에서 역린지화(逆鱗之禍)와 관련한 모든 것은 모두 지역의 해당 조합장에 관한 것으로써, 지역의 여건이나 개인적인 성향이 매우 많이 다르기 때문에 몇 가지로 규정하거나 특정하기는 매우 어렵다.

가능한 한 어떻게 하는 것이 과연 이해관계자 모두가 상생하는 방법인지를 협의해서 간단하고 단순하게 해결하는 것이 현명하다. 이를 위해 우선 양심적으로 솔직하게 마음을 비워서 기득권을 내려놓자.

일찍이 로버트 피스크는 "진정한 리더는 실수를 솔직하게 인정한다. 절대 실수를 감추지 않는다. 최고의 교훈은 실수에서 나온다는 사실을 잘 알고 있기 때문이다."라고 말했다.

이것은 우리 모두가 다 마찬가지이지만 특별히 조합장은 이러한 현실적인 상황과 이에 대한 이유를 충분하고도 진정성 있게 이해해야 한다. 이것이야말로 정말 대단히 중요한 관건(關鍵)이기 때문이다.

그리고 이것은 어떤 측면에서 보면, '대단히 뜨거운 감자라고도 할 수 있다.' 그것은 조합장에 대한 존재감과 조합의 진정한 개혁과 연관된 문제이다.


좀 더 구체적으로 풀어 보면, 조합의 진정한 개혁을 위해서는 책임경영제의 근본적인 취지를 살려서 소유와 경영을 분리해야 한다. 즉 전문경영인이 대표이사로서 역할을 제대로 해야 한다.

그러려면 지금까지 오랫동안 누려온 조합장으로서 만만치 않은 기득권을 원만하게 내려놓을 수 있느냐 혹은 내려놓을 수 있게 하느냐가 매우 중요하다.

어떠한 기득권이든지 본인 자신과의 협상이나 타협이기 때문에 어쩌면 더 힘이 들고 어려울 수 있다. 그래서 혹자는 사람의 마음을 조금 움직이는 것이 태산을 옮기는 것보다도 더 힘들다고 한 것이다.

아무튼 생각만큼 쉽지는 않겠지만, 아무리 시간이 걸리더라도 이것만큼은 제대로 충분히 준비가 돼야지 시작을 할 수 있다.

동서고금을 막론하고 유사 이래 지금까지 정치를 비롯한 종교, 사회, 경제 등 숱하게 많은 개혁이 다양하게 감행되었다. 그러나 성공한 케이스는 극소수일 뿐이고 대부분이 실패를 했다는 사실만 봐도 그 어려움을 알 수 있다.


그렇게 실패한 원인들을 분석해서 크게 나눠 보면, 다음과 같다.

첫째, 어떤 갑작스러운 사건을 계기로, 물론 그동안 어떠한 문제로 불만이 쌓이는 시간은 길었겠지만, 충분히 치밀하게 계획을 수립하지 못한 상황에서 폭발하다시피 충동적으로 갈등이 벌어진 경우이다.

둘째, 대부분 치밀하게 계획은 잘 세웠으나 실행과정이나 실행 바로 직전, 시작을 하는 데 있어서 소홀하여 문제가 있었던 경우이다.

셋째, 핵심적인 원인을 제대로 파악하지 못하였거나, 내용이 객관적이지 않으며 정치적으로 삼분오열되는 등 통일이 되는 않은 경우이다.

넷째, 한번 실패하면 그대로 끝장이 나는 경우로, 다시 한번 더 해 볼 기회조차 주어지지 않았기 때문에 실패의 경험에 의한 노하우와 실질적인 정보 및 기술의 축적이 이루어지지 않은 경우 등이다.

가까운 예로, 이번에 문재인 정부에서도 '검찰의 개혁'을 위해, 대통령 비서실의 초대 민정수석(포스터 수석이라고 함)을 지낸 ○○ 교수가 법무부 장관으로 임명이 되었지만, 임기를 시작한 지 불과 35일 만에 하차를 하고 말았던 것을 분석해 볼 필요가 있다.

이것이 바로 위에서 언급한 실패의 유형 중에서 두 번째에 해당하는 것으로서, 장관후보에 발탁이 되어 국회의 청문회를 하기 전부터 야당을 비롯한 많은 국민들이 끈질기게 저항을 한 것에 주목해야 한다.

그것도 두 달 동안이나 강하게 이어지는 등 상당한 진통을 겪었으면서도 무리하게 기용한 것이 문제를 만들었다. 바로 이것이 시작에 대한 문제라는 것이다. 이것으로 인해 결국은 개혁이 실패를 하게 될지도 모르는 상황이 되었다.


자, 여러분! 여러분께서는 이걸 보고 어떤 생각을 하셨는지?

대통령을 비롯한 전 국민들이 이 상황을 다 지켜보았기 때문에 내용은 생략하고, 결론적으로 장관을 임명한 대통령과 참모진들이 많은 고심과 숱한 노력을 했음에도 불구하고 개혁은 어려움에 봉착하게 되었다.

물론 또다시 다른 인물을 내세워서 재시도를 할 수도 있겠지만, 대단히 어려울 뿐만 아니라, 했다고 해도 한 것이 아닐 정도로 부작용이 만만치 않고 생각보다 훨씬 더 큰 새로운 문제가 불거질 것이다.

그렇게 되면 개혁을 한 것이 아니라, 새로운 문제만 만들고 키운 꼴이 되기 때문에 결국은 악순환의 고리를 벗어날 수 없게 된다.

여기서 우리는 이것을 가지고, 타산지석(他山之石)과 반면교사(反面教師)로 삼을 수 있어서, 우리에게는 매우 중요한 교훈이 되었다.

이것을 거울삼아 우리가 진행하려는 조합 개혁의 시나리오를 짜고, 준비를 함에 있어서 더욱 더 철저하게 해야 할 것이고, 특히 시작하기 전후에 이러한 문제의 시행착오를 절대로 하지 않아야 한다.

그래서 다 같이 양심적으로 솔직하게 기득권 내려놓는 것부터 단결해서, 똑같은 잘못을 절대로 하지 않고, 절대 다수가 공감하고 지지하는 개혁을 할 수 있도록 조합의 구성원 모두가 분위기를 만들어야 한다.


우리가 어떤 중요한 일을 하거나 운동경기를 할 때, 준비를 하는 것과 출발하는 것이 대단히 중요하다는 것은 누구나 잘 알고 있다. 하물며 개혁이라는 엄청나게 큰 과업을 수행하는 것이 대단히 중요하다는 것은 아무리 강조해도 지나치지 않는다.

개혁을 위해 얼마나 준비를 철저하게 하느냐, 개혁의 시작인 출발은 언제 하고 어떠한 방법으로 하느냐 등, 준비와 출발은 개혁의 성공과 실패를 결정하는 분수령이 된다고 해도 과언이 아닐 정도로 중요하다.

IMF 금융위기를 지난 후 시대적으로 우리의 경제가 글로벌화 되고 경영상황이 복잡해졌다. 조합의 경영규모가 커짐에 따라 책임경영제를 위해 상임이사제를 도입한 것은 아주 잘했다. 그러나 제대로 실행을 하지 않고 형식적으로만 하여 오히려 부작용을 만들었는데, 이제는 진정한 취지와 목적에 맞게만 잘 운영하면 성공할 수 있다.

이 책에서는 조합의 가장 근본적인 큰 틀에 대해서 핵심적인 사항만을 제안했을 뿐이다. 근본적인 문제를 바로잡지 않고서는 모든 것이 사상누각임으로 그 어떤 훌륭한 제안들도 무용지물이 되기 때문이다. 좀 더 세부적인 사항들은 유능한 전문경영인들이 여건과 역량에 따라서 개혁을 완성하면, 건강한 조합과 희망찬 농어촌이 될 것으로 확신을 한다.

그리고 본문의 뒤편에 이 책에서 인용한 고사와 개혁과 관련해 세계적으로 훌륭한 분들의 말씀을 모은 것, '인용한 고사(古事) 및 개혁의 세계명언'을 정리하였으니 참고하기 바란다.


## (1) 지속가능한 조합

전국 농·수·산림조합의 조합장 중에는 경영에 대한 식견이 높고 경험이 풍부한 분도 있지만, 대부분은 그렇지 않으며, 조합의 사업이 다양해지고 많아지면서 자산이 많아졌으며 동시에 경영의 환경이 복잡해지면서 다양한 리스크가 증가하였다. 그래서 직업적인(Pro) 전문경영인도 미래를 예측하고 돌발적인 위기상황에 따른 대응이 매우 힘들다고 하소연을 한다.

지금은 전문경영인도 다양한 리스크 예방 시스템을 가동해야 할 정도로 리스크가 복잡하며 미래를 예측하기가 힘든 상황이다. 그래서 조합전문경영인제의 근본적인 취지와 목적에 맞게 제대로 운영을 잘 해야 한다고 재차 말하고 있는 것이다.

지속가능경영[12]은 기본적으로 수익증대를 기반으로 하는 개념이지만, 이런 돈의 가치 외에 경영투명성과 윤리경영을 강조하고, 사회발전과 환경보호에 대한 공익적 기여도 중시해야 한다. 그래서 전문자격과 경험에 의해 역량을 갖춘 유능한 전문경영인을 배치해야 한다. 또 이것은 세상의 그 어떤 것도, 시속적으로 생명을 유지하고 잘 살이가기 위해서는 생명을 유지할 수 있는 최소한의 에너지가 필요하다.

이 에너지에 해당하는 것은, 종류에 따라서 이름만 다른데, 동물에게는 유지사료라고 해서 공급하지 않으면 굶어죽는 최

------------

12 지속가능경영(持續可能經營, Corporate Sustainability Management)는 경제적 신뢰성, 환경적 건전성, 사회적 책임성을 바탕으로 지속가능발전을 추구하는 경영을 가리킨다. 기업이 경제적 성장과 더불어 사회에 공헌하고 환경문제에 기여하는 가치를 창출하여 다양한 이해관계자의 기대에 부응함으로써 기업가치와 기업경쟁력을 높여 지속적인 성장을 꾀하는 경영활동이다. 2000년대에 환경과 사회적 문제에 대한 관심이 사회전반에 확산되면서 기업의 사회적 책임에 대한 요구가 증가하자 이 패러다임이 대두했다.

소한의 자원으로, 이 사료비가 결국 유지비용으로 귀결된다. 개인이나 법인도 마찬가지다.

우리의 조합도 이 유지비용이야말로 조합이 유지되고 지속적으로 경영관리 되기 위해서는 절대적으로 필요한 기본적인 비용이다. 당장에 유지비용이 부족하거나 충당이 안 되면, 상당한 부작용이 생기고 더 부족하면 생존이 불가능해서 파산을 할 수밖에 없는 지경에 이르고 만다.

어떻게 보면, 이 유지비용은 생각보다 미미한 것 같은데, 장기적으로 볼 때 지속적으로 충당해야 하는 양이 생각보다 훨씬 더 크고 대단히 부담스러울 수 있으며, 이 비용충당을 못해서 파산을 하는 경우도 있다.


조합의 경우 자산의 규모가 작아 소규모의 경제사업 업무만 할 때는 경영환경도 별로 복잡하지 않았고 단순했으므로 그런대로 비전문가인 조합원 그 누가 경영을 하든 사회적으로 이슈가 될 만큼의 큰 문제가 발생하지도 않고 어느 정도 유지는 될 수 있었던 것 같다.

하지만 현재는 조합의 자산이 많아지고 경영의 환경이 매우 복잡하게 연결되어 경영에 관한 많은 공부를 하고 실질적인 경험을 갖춘 전문경영인이 관리를 해도 때로는 어렵고 힘든 상황에 자주 직면하게 되었다.

심지어 요즘 전문경영인은 사소한 리스크라도 미연에 방지를 해야 함으로 다양한 리스크 예방 시스템을 가동하고 있으며, 리스크 위원회를 만들고 관리를 할 정도로 경영의 여건이 복잡하여 미래를 예측하기도 힘든 상황이다.

상황이 이러하니 지금은 전문가 시대가 될 수밖에 없다. 그래서 어느 분야를 막론하고 각 분야마다 전문적인 자격이나 역량을 갖춘 사람들을 전진배치하고 있는 것이다.

다시 한번 더 설명을 하면, 대부분의 조합장은 농어업의 전문가는 확실하게 맞을지언정, 경영의 전문가는 아니다. 혹시 "전국에 몇 명의 전문경영인이 있다."고 하더라도, 제각각 그 해당 조합의 한 사람이 절대로 계속해서 조합장을 하지는 못한다.

그렇기에 누가 조합장을 하더라도 상관이 없도록, 조합의 최고 경영자는 반드시 전문경영인이 함으로써 리스크를 예방해야 한다는 것, 이거만큼만은 확실하게 정해 놓아야 한다.

이것이 바로 조합을 진정으로 개혁하는 출발점이다. 그리고 이러한 조합의 최고 경영자야말로 대단히 중요한 사람으로서, 반드시 전문경영인으로서의 자질과 역량을 갖춘 사람이어야 한다.

요즘 기업에는 누가 최고경영자가 됐느냐에 따라서 그 회사의 주식이 출렁인다. 이것이 바로 'CEO(최고경영자) 효과'라고 하는데, 이와 관련한 연구 또한 상당한 수준에 이르고 있다.

주변의 이해관계자들은 신임 CEO의 첫 주요 의사결정, 특히 전략과 비전 발표, 핵심 임원 선임, 직원과의 대내외 홍보용 커뮤니케이션 등을 통해 신임 CEO를 자기 나름의 잣대로 평가하게 된다.

특히 CEO가 어떤 사람인지에 따라 결정되는 기업의 '브랜드 가치'라는 말은 이제 낯설지 않은 비즈니스 트렌드로 자리매김하고 있다.

CEO가 경영 실적을 올리면서 쌓은 명성이나 해당 분야에서 갖고 있는 이미지 등, 이른바 CEO 브랜드의 가치가 기업 가치에서 차지하는 비중이 갈수록 커지고 있다.

기업이 소비자에게 전달하고 싶은 이미지를 기업의 '브랜드 아이덴티티(BI)'라고 한다. 기업 BI를 개인 차원에서 그 회사의 대표인 CEO에게 적용한 것이 바로 CEO 브랜드인 것이다.

국내로 눈을 돌려 봐도 과거 KT나 포스코 등에서 신임 CEO에 대한 기대 효과로 주가가 급등한 바 있고, 지금도 마찬가지이다.

실제로도 벤처 CEO 신화의 주인공인 안철수연구소(현 안랩)의 안철수 창업자가 코스닥 상장을 할 당시 증권사 애널리스트들이 10~20%를 높여 주식 가치를 인정해 주는 'CEO 프리미엄'을 받은 적도 있다.

이렇게 CEO 중에서도 그 사람의 중량감이나 비중에 따라서 주가에 영향을 미치는 정도가 다르게 나타나는 현상까지 보이

는 것을 보면 이 CEO의 중요성을 미루어 짐작하고도 남음이
있다.

그리고 북미 간의 핵 협상 뉴스에서 'CVID(완전하고, 검증가능
하며, 되돌릴 수 없는 비핵화와 FFVD(최종적이고 완전하게 검증가능한 핵폐
기)'라는 시사용어가 만들어지는 것을 보고, "조합의 개혁도 저
와 같이 검증 가능한 개혁이 되어야 진정한 개혁이 되겠다."라
는 생각이 들었다.

이 책을 통해서 제안하는 것이 진정한(완전하게 검증할 수 있는)
방법이 되기를 바라는 마음이다.

이렇게 확실하고 진정한 조합의 개혁을 해야 하는 이유는,
조합이 지속가능하게 유지되고 발전됨으로써 지역의 농어촌
도 발전할 수 있고 새로운 신 성장 동력에 의한 재창조가 가능
해질 수 있기 때문이다.

우리가 '진정'이라고 할 때 '거짓이 아니고 정말'이라는 뜻으
로 사용하는데, 여기서는 '확실하게, 제대로' 개혁을 하겠다는
뜻으로 쓰겠다.

지금까지 하기는 했는데 일부분만 함으로써 실질적인 효과
를 못 거두었기 때문에, 핵심적인 사항을 확실하게 적용해야
한다는 뜻이다.

여태껏 조합장을 통한 조합의 개혁을 바라고 기대하였다면,
이제는 조합경영에 대해서만큼은 조합장보다는 이론과 실천

적 경험 및 경영에 대한 노하우가 많은 조합의 전문경영인에게 맡겨서 전문가답게 처리하도록 하자. 이 점을 꼭 이해하고 반드시 실행하기 바란다.

축협에서 명예퇴직을 하고 농업경제학 공부를 하고 있던 15년 전, 모 지방신문에 'ㅇㅇ농협의 상임이사 모집' 광고를 보고 지원하기로 마음먹었다. 필자가 지원서를 가지고 가니 광고를 7번이나 해도 지원하는 사람이 없었는데 8번째에 비로소 당신 한 사람이 지원을 한 것이라고 했다.

그래서 그랬던지 모든 일이 일사천리로 진행이 됐음에도 불구하고, 조합장의 엄명으로 "시기가 연말이라서 출근은 익년 1월 2일부터 하라."고 해서 첫 출근을 했는데, 싸늘한 분위기가 감돌았기 때문에 더 이상의 설명이 필요 없이도 충분히 전체적인 내용을 읽을 수 있게 되었다.

이 조합은 합병조합임에도 불구하고 자산이 1,500억 원이 안 되기 때문에 법적으로는 상임이사제를 안 해도 되는 조합이지만, 대의원회를 중심으로 한 조합개혁위원회의 끈질긴 투쟁으로 실행하게 되었다.

해당 조합의 조합장은 "20대 어린나이에 당선이 되어 연속으로 36년째 군림하고 있다."고 했다. 그리고 농협중앙회의 선거관리위원장직을 맡고 있는 등, 한마디로 무소불위의 권위가 느껴졌으며 우렁찬 목소리로 카리스마를 과시하는 듯했다. 그야말로 "제왕적 조합장이란 이런 것이다."라는 것을 확실하게 보여줬다. 이것만으로 다른 설명은 필요 없이 충분히 이 조합의 전체적인 분위기를 읽을 수 있었다.

감히 누구나 범접할 수 없는 강인한 위용과 서릿발 같은 위엄으로 중무장한 조선시대의 장수에게서나 느낄 수 있었을 법한 차갑고 냉담한 분위기를 느낄 수 있었던 것은 처음이다.

그리고 이튿날 출근을 하였는데, 이게 정말 농협인가…? 너무나 놀랄 정도였다. 아침부터 반 술에 취한 고객이 나타나서 시비를 걸고 고함을 지르며 난리법석을 피웠다(화분을 금융점포 바닥에 내동댕이쳐서 다 깨지는 등).

그런데도 더 이상한 것은 사람들이 별로 관심이 없는 것처럼 수수방관만 하고 적극적으로 제지하거나 말리는 사람이 없었다는 것이다. 더 이상은 생략을 하는 것이 맞을 것 같다. 어쩌면 어떤 시나리오나 각본에 따른 연출이었는지는 모르지만, 도지히 이해할 수가 없었다.

그리고 또 그러한 일련의 사건이나 상황들이 2~3일이 멀다고 느낄 정도로 한두 건씩 계속해서 터진다고 말할 정도라면… 누가 믿을 수 있을지 모르겠다. 대부분 처음 들으면 거짓말 같은 이야기일 것이다. 그러나 결코 과장된 말이 아님을 밝혀둔다. 더군다나 이러한 일이 고객에게 친절을 최우선으로 생각하는 농협의 금융점포와 경제사업장에서 발생한다는 것이 너무나 어처구니가 없는 것이었다.

그럼에도 불구하고 대부분의 임직원들은 하나같이 남의 눈치나 보면서 서슬이 퍼런 조합장과 추종세력들을 의식하는 언행만을 하는 수동적인 분위기를 이어가고 있었다.

그럼에도 불구하고 남의 눈치를 보지 않고 제 역할들을 잘 하는 사람들도 분명히 있었다. 지금도 그 자리에서 또는 인근 조합에서 근무를 잘하고 있는 사람과 조합원이 있다.

이정규 상무(현재는 중후하고 세련된 전무)님과 김인섭 대리(현재는 소위 잘나가는 지점장)님을 비롯하여, 조합원 중에는 이름이 외자인 임탁 이사(현재는 그 동안 조합장에 당선이 된 것은 물론 재선가도에 성공했을 정도로 훌륭한 조합장)님을 비롯한 대부분이 구 단밀농협의 조합원님들이 그들이다.

아무튼 다시 본론으로 돌아와, 그렇게 여러 번 신문에 광고를 하고 이사회와 대의원 총회를 개최하는 등 많은 비용을 지출하며 여러 조합원들의 시간까지 들여서 전문경영인이라는 상임이사를 선택하였음에도 불구하고, 조합은 계속해서 정치적인 논리의 연장선상에 서서 정쟁을 멈출 기미가 없었던 것이다.

결국 해당 조합장은 고인이 되었고 새로운 조합장이 두 번이나 바뀌었다. 그럼에도 조합은 상임이사제도를 폐지하고 전무를 최고 책임자로 하는 조직으로 되돌아갔으며 지금까지도 전무제도를 유지하고 있다. 전국에서도 유일한 조합이 아닌가 싶다.

그 당시 필자의 나이가 만 47세였다. 합병농협의 상임이사라는 직책을 맡는다는 것은 그렇게 쉽게 할 수 없는 나이었다.

아마도 농협의 조합장은 몰라도, 상임이사로는 전국에서 최연소가 아닐까 생각한다.

어떤 자리를 맡아서 하는 것도 좋지만, 그 직책을 유지하고 역할을 제대로 하는 것이 훨씬 더 중요하고 어려운 일이다. "평양감사도 자기가 싫으면 그만이다."는 말도 있고, 제 아무리 자기가 하고 싶고 잘하고 싶어도 "손뼉도 마주쳐야 소리가 난다."는 말과 "구슬이 서 말이라도 꿰어야 보배다."라는 말도 있다.

사람의 마음! 이 마음을 움직인다는 것은 대단히 어려울 수 있다. 가장 쉬울 것 같으면서도 가장 어려운 것이다. 하지만 다행스럽게도 한번 조합장을 선출한 조합원들의 마음이 모이면 조합장의 마음을 움직이는 것은 "그야말로 식은 죽 먹기다."라는 말이 꼭 맞을 정도로 쉽게 이뤄낼 수 있다.

그렇기 때문에 이떤 일을 하다라도 마찬가지민, 득히 이 조합의 개혁을 위해서는 구성원을 비롯한 다양한 이해관계자들까지도 다 같이 양심적으로 솔직하게 마음을 내려놓고 기득권도 내려놓자고 하는 것이다.

불행 중 다행이라는 말이 있다. 그렇게 온갖 시달림과 고민으로 휩싸여 있을 때, 가까운 인근에 소재하는 농협에서 이런 사실을 있는 그대로 전해 듣고는 마침내 찾아온 사람이 있었다.

그러나 자리가 자리인 만큼 그렇게 가볍게 움직일 수 없다는 생각과 제대로 시작도 해보지 않고 마무리하기엔 너무나 미련이 남는 것 같아서 최대한 노력을 해봤다. 하지만 두 마리

토끼를 잡을 순 없고 새 술은 새 포대에 담아야 한다는 말과 같이 결국은 인근 농협으로 가기로 결정을 했다.

그런데 역시 '피장봉호(避獐逢虎: 노루를 피하면 호랑이를 만난다.)'라는 말처럼 세상사 이치는 비슷비슷한 것 같다. 또 '화장실 갈 때의 입장과 나올 때의 입장은 다르다.'는 말이 너무나 맞는 상황이 펼쳐졌다.

그러나 이미 엎질러진 물과 같은 입장이 됐으니, 더 이상 물러설 길이 없었다. 결국은 여기서 뼈를 묻어야 한다는 비장한 각오의 임전무퇴(臨戰無退) 정신으로 근무를 할 수밖에 없었다.


그래도 여기서는 최소한 전문경영인으로서의 기본 중의 기본이라고 할 수 있는 경영성과만은 최대한 챙긴 결과 경영성과(당기순이익)를 3년 평균의 두 배를 넘게 올릴 수 있었다. 하지만 임기 2년 후 평가를 받아서 다시 2년을 할지 말지를 결정하는 문턱에서 정치적 논리에 의해 자의 반 타의 반으로 그만둘 수밖에 없었다.

신문에 난 (사)한국능률협회(KMA) 대구경북지부장 모집 광고를 보니, 평소에 하던 경영컨설팅 업무의 연장선이었기 때문에 쉽게 지원을 할 수 있었고, 협회에서도 빠르게 결정을 했던 것 같아 곧 그곳에서 일하게 되었다. 조합의 일과는 다른 새로운 업무에 적응하기 위해서 정말 분주하게 그 일에 매진하고 있었다. 그런데 새 일을 시작한 지 반년 정도 되던 어느 날이었다. 비가 제법 오고 있는데도 불구하고 먼저 근무했던 농협에서 여러 명의 사람들이 한꺼번에 몰려왔다.

찾아온 이유를 물으니, "사실 그 때는 우리가 최대한 음과 양으로 도움을 못 줘서 미안했다. 그런데 당신이 그렇게 물러나고 다른 상임이사가 와서 잠시 해 봤는데 역시나 '구관이 명관이다.'라는 말이 맞는 것 같다. 그래서 다시 초빙을 하기 위해서 왔다."는 것이다.

지난날의 전철을 밟지 않기 위해, 정말 가볍게 처신을 할 입장이 아니었기 때문에 몇 개월 동안 많은 고민을 해 봤다. 그날 같이 온 분들 중에 대표자까지 포함하여 각자가 수시 때때로 전화를 해 조합의 상황을 알려주었고 조합원들의 입장도 설명을 하였다.

또 필자의 입장에서 띠져 보이도 상임이사의 임기 2년 가지고는 제대로 역량을 보여 준 것이 아니지 않느냐는 등, 나름대로 의미가 있고 재고의 여지가 있는 좋은 의견들을 제시하였던 것이다. 또 당시 상황이 골든타임으로 이사회는 물론 대의원총회를 열어야 하는 타이밍이었다. 이것은 언제라도 필요하다고 해서 언제든지 할 수 있는 일이 아니다. 대의원총회는 시기가 정해진 정기총회와 꼭 필요하다고 판단할 때 할 수 있는 임시총회가 있는데, 둘 다 많은 사람들을 동원해야 하기 때문에 시간과 비용이 많이 발생한다.

그래서 언제까지라도 미룰 수 있는 일이 아니므로 가능한 한 빠른 판단을 해야 하는 상황이었다. 결국 해당 조합에 다시 지원을 하였고 대의원총회에서 재선발이 되었다.

전과는 다르게 제3대 상임이사라는 현수막을 대회의실에 걸고 취임식 사진까지 찍을 정도로 변화된 모습을 보이는 것 같았다.

몇 달 후엔 조합장 선거가 있었고 이 조합의 개혁을 적극적으로 주도한 사람이 조합장 선거에 입후보하였으며, 조합장에 당선이 되었기 때문에 아주 순풍에 돛단 듯이 제대로 잘되겠다는 분위기가 감돌았다. 그럼에도 불구하고, 이것도 역시 "행운과 불운은 함께 온다.", "좋은 일에는 마가 낀다."는 말과 같았다.

조합장 선거 날, 개표가 확정되자마자, 직원들이 노동조합을 결성하였고 얼마 지나지 않아서 민주노총에 가입까지 하였다. 그래서 새로운 조합장의 취임과 함께 노조와의 힘겨루기가 시작되었다.

그때부터 조합장 측은 바로 노조에 대한 견제를 확실히 하기 위한 방법을 구상하고 로드맵을 만드는 등 노조지부장과 간부들, 특히 이들 중 행동 노조원의 해고를 목표로 해서 모든 역량을 집중하게 되었다.

그리고 상대인 노조는 사사건건 무엇이든지 '부당 노동행위

<sup>13</sup>'라는 명분을 구실로 경찰과 검찰에 고소와 고발을 하기 시작했다.

결국 노조지부장은 해고가 되었고, 그 후에 일인 시위와 민주노총의 지원 아래 툭하면 현수막과 머리띠를 두르고 고성능 마이크로 중무장을 한 대규모 시위를 벌여 주변의 시민들로부터 많은 비난과 외면을 받기 시작했다.

이런 상황이 수시로 벌어지다 보니, 아무리 젊어도 육체는 물론 정신적으로도 매우 힘이 들었다. 결국은 지혜를 모아 어떻게 해결하면 좋을지 고심에 고심을 거듭하면서 조합의 중앙회를 비롯해서 여러 사람들에게 많은 자문을 요청하여 고견을 들어 봐도 정말로 좋은 대책이나 뾰족한 수는 없었다.

하지만 그래도 "궁하면 통한다."는 말, "지는 것이 이기는 것이다."라는 말이 맞을 것이라고 생각을 했다. 그래서 그러한 신념으로 나름대로 계획을 세우고 실천을 해야 한다는 결심을 가지고 이것들을 확장해 보았다.

이렇게 일일여삼추(一日如三秋)같은 나날 속에서, 고민과 고난의 행군에 의해 분골쇄신(粉骨碎身)과 천신만고(千辛萬苦) 끝에 받게

--------------

13  사용자측이 노동법으로 정한 노동자의 근로 3권(단결권, 단체교섭권, 단체행동권)행사에 대한 방해를 주는 행위

된 보상으로 비책을 찾았다는 사실을 꼭 이해해 주기 바란다.

그 비책이란 쉽게 말해서, "이제는 정말, 우리 모두는 양심적으로 솔직하자는 것이고, 솔직해지자는 것이며, 진심으로 기득권을 내려놓으면 그렇게 어렵다고 하는 개혁도 시작을 할 수가 있다."라는 사실이다.

이것은 이솝의 우화 중에서, 상황 설정이 절묘하게 비슷한 예화인 '바람과 해'에서도 찾을 수가 있다.

이 우화의 의미는 우리가 어떤 상대방에게 원하는 바가 있을 때 이를 성취하기 위해서는, 바람처럼 힘으로 강하게 밀어붙이는 것보다는 햇볕처럼 따스한 마음을 가지고 상대방에게 따뜻한 정성을 보내 분위기를 만들어 주어야 상대방도 자연스럽게 동조한다는 것이다.

이 정도는 이솝 우화를 읽은 초등학생들도 아는 일이지만, 실제 상황인 현실에서는 그러한 환경을 만들어 주기보다 당장의 물리적 변화나 가시적인 성과를 쫓아가다 보니까 오히려 목적으로 삼았던 바와 다르거나 정반대로 향하게 되기 때문에 개혁이 안 되고 있다.

그리고 그렇게 어려운 과정을 통해서 뭔가를 깨우쳤으면, 어떤 어려움과 많은 시간이 걸리더라도 반드시 행동으로 실천해야 한다. 또 중간에 변질되지 않도록 제대로 실천을 하는 것이 무엇보다 중요하다.

우리 모두가 다 반성해야 한다. 때로는 자기가 모르면서 아는 체하고, 전문가도 아니면서 전문가처럼 행동하고, 능력이 안 되면서도 뻔뻔스럽게 나서고, 분명히 아닌데 맞는 것처럼 하는 것이다. 이런 일이 반복되면 불신이 쌓이고 불신이 쌓이다 보면 나중에는 스스로를 불신할 정도가 될 수도 있다.

사소한 일로 치부될 수도 있고 또 별로 생각 없이 습관처럼 행했거나, 아니면 대수롭지 않게 생각했던 것들이, 쌓이고 쌓여서 큰 병폐의 원인이 된다.

인생을 살면서 아주 비싸고 구하기가 어려운 약만 좋은 약이고, 희귀 질병이나 괴상한 질병 등 중병을 잘 고치는 약이라고 생각을 한다면, 그것도 잘못된 생각이다.

우리 주변에는 아주 흔하고 흔해서 길가에 잡초 같은 종류들로 쑥이나 솔잎, 양파껍질, 환삼덩굴, 갈대, 등등 심지어 볏짚 같은 것이 있다. 이들도 정말 어떤 것 못지않게 좋은 약제이고, 훌륭한 약이라는 사실을 대부분의 사람은 너무나 다 잘 알고 있을 것이다.

그래서 어쩌면 단순해 보일 수도 있는 비책에 대한 평가를 할 때, 혹시라도 편협적인 사고나 고정관념에 사로잡혀 비웃거나 얕잡아 보면서 무시를 할 생각일랑 절대하지 말아 달라고 강력하게 주장한다.

아무튼, 나는 우리가 양심적으로 솔직하게 인정할 것만 제대로 인정을 해도 대부분이 해결된다는 이 어마어마한 사실을 비로소 알게 됐다.

그래서 조합이 정상적으로 잘 운영될 수 있는 방법에 대해서 그렇게 힘들게 얻은 것을 ○○신문에 기고했는데 원고를 실을 수 없다고 했다.

이유를 물어보니, "우리 ○○신문은 아시다시피 조합들이 전적으로 구매를 하고 구매 부수의 증감에 따른 의사 결정을 조합장님들이 하고 있다. 그런데, 조합장님들의 권한에 침해가 된다고 생각이 되거나 조금이라도 태클을 건다고 생각을 할 수 있는 그 어떤 형태의 글이라도 싣게 되면 당장에 전화가 빗발치고 야단법석이 나며 큰 문제가 된다."는 것이다.

조합을 개혁하고 발전시키자는 생각에 그런 입장을 표시하니 생각이 달라도 너무나 다르다는 것을 알고 마음이 매우 아프고 답답했었다.

비슷한 종류의 다른 농어민 관련 신문사에도 보내 봤지만, 결과는 마찬가지여서 포기를 할 수밖에 없었다. 규모의 크고 작음을 떠나서 언론사나 언론인들이 제 역할은 하지 못하고 누구의 눈치를 보는 비겁함에 대해서 그때나 지금이나 도무지 이해를 할 수가 없다.

그러나 농어촌의 발전을 위해서는 조합이 꼭 필요한 존재이고 조합이 제 역할을 하고 지속가능한 존재가 되기 위해서는 제대로 전문경영인 제도를 실행해야 한다는 생각에는 지금도 변함이 없다. 핵심은 전문경영인제도를 실질적으로 정착시키는 것이다.

14년이 지난 지금까지도 이 문제만큼은 여전히 뇌리를 떠나지 않고 있다. 그 이유는 아무리 생각하고 또 해 봐도 포기하는 것은 정의롭지 못하고 비겁하기 때문이다. '행동하지 않는 양심은 악'이기 때문이다.

'누구라도 잘못된 것은 바로 고쳐야 한다.'는 작은 용기와 득시무태(得時無怠)[14]가 도화선이 되었다. 이제는 책의 출판을 통해 전철을 밟지 않고 "확실하게 실행하겠다."는 굳은 신념과 책임감이 생겼다.

만사가 그렇겠지만 개혁도 개혁을 해야 하는 핵심적인 문제점이나 특별한 원인을 찾는 것이 가장 중요하고, 다음은 "시작이 절반이다."라는 말과 같이 시작을 하기는 해야 하는데, 시작을 어떻게 할 것인가? 라는 것이 또한 중요한 사항이다.

그래서 조합에서 오랫동안 근무했던 경험, 특히 상임이사로 재직했을 때, 영원히 지울 수 없을 만큼의 엄청난 대가를 치르고 나서야 얻었던 깨달음, 지혜, 그야말로 진정한 진주(眞珠)를 여러분들께만 드린다.

아무튼 이 진주가 당장 필요한 조합도 있겠지만, 앞으로 필

---------

14  득시무태(得時無怠) : 때를 얻으면 놓치지 말라. 좋은 때를 얻으면 태만(怠慢)함이 없이 근면(勤勉)하여 기회(機會)를 놓치지 말라는 말. 늦다고 생각하는 때가 가장 빠른 때다.

요할 조합들도 있을 것인데, 언제 어떻게 필요하게 되더라도 그야말로 좋은 보배가 되고, 해당 조합의 진정한 개혁을 도와 건강한 조직으로 거듭나게 하기를 진심으로 응원하며, 필요하다면 언제든지 힘을 보탤 각오를 밝힌다.

여기, 용각산의 좋은 기운과 정갈한 곰티지(池)의 활력을 담아 보내 드리오니, 부디 정부와 조합의 중앙회 및 다양한 이해관계자들이 최대한 협조를 하고 의기투합을 해서, 꼭 더 좋은 성과가 있기를 기대한다.


## (2) 농어촌을 관리할 역량 배양

세계화의 경제시대에 사는 우리 농업이 살아남기 위해서는 국제경쟁력을 제고해야 하고 이를 위해 농업구조의 개혁을 부단히 추구해야 한다. 이를 위해 지역역량강화사업과 관련된 행사가 개최되고 있다. 그러나 '국제경쟁력 있는 농업만이 살길'이라는 경쟁력 지상주의가 농업문제의 해결을 하는 데 있어서 전부일 수는 없다.

경쟁력만 내세운다면 값싼 외국 농산물을 수입해서 먹으면 그만이지 굳이 국제 경쟁력을 높이기 위해 엄청난 재원을 사용해 가면서 국내 농업을 유지해야 할 필요가 없다.

선진국에서 막대한 농업보조금을 지불하면서 농업을 유지하는 이유는 농업이 단순히 식량생산의 기능만 하는 것이 아니기 때문이다.

환경 및 식품 안정성에 대한 국민의 관심이 고조되면서 안전하고 신선한 고품질 농산물의 수요가 늘어나고 농업이 갖는 국토 환경보전의 기능과 전통 문화계승 그리고 도시민의 여가와 거주 공간으로서의 농어촌의 가치가 높이 평가되는 시점이다.

즉, 농어업과 농어민을 보호하는 목적만으로 농어업·농어촌에 투자하는 것이 아니라 도시민과 농어촌의 주민이 공동으로 사용하는 농어촌 공간으로서의 다원적 기능을 보전하기 위해서 투자하는 것이다.


근본적으로 그동안 농정이 농업부문의 생산성 향상과 구조 고도화에 주력하였기 때문에 상대적으로 농어촌 및 농어민정책은 소홀히 해 왔다. 아울러 관료주의적, 하향식 농정추진 방식으로 농어촌수민, 지사체의 중앙에 대한 과도힌 의존괴 장기적인 자생역량의 약화를 초래하였다.

앞으로 농정의 방향이 다원적인 농어촌발전으로 가야 한다면, 지역이 스스로의 자원과 여건을 창의적으로 활용할 수 있도록 하는 역량 배양(capacity building)은 필수불가결한 요소이다.

그렇다고 해서 획일적인 사업의 설계방식으로는 지역마다 다른 고유의 자원을 활용하는 다원적 발전을 담보해 낼 수는 없다. 국내를 넘어서 세계가 변화하는 환경 가운데, 지역의 자원을 묶어 내고 성공적으로 사업을 경영하기 위해서는 역량배양이 반드시 필요하다.

그러나 기존의 정책들은 이런 역량배양을 등한시해 왔고, 농어촌이 당면한 한계는 많이 지적하는 반면, 역량을 배양하기 위해 어떻게 할 것인가 하는 프로그램이나 정책적인 노력은 별로 없었다.

즉, 중앙 집권적 농정추진의 관행에 따른 제도적 한계, 지역단위 주체인 지방자치단체 및 주민 능력의 부족, 농어촌공동체의 붕괴로 인한 낮은 사회적 자본(social capital), 지역리더의 부재와 농어촌인구의 고령화 등과 같은 문제는 그동안 계속 지적되어 왔다.

농어촌 지역에서 새로운 역량배양이 중요해진 것은 농어업·농어촌사회가 당면하고 있는 문제가 종래와 많이 달라졌기 때문이다.

최근 들어 많은 경우에 농어촌의 쾌적성(amenities), 문화적 동질성(지역주민의 공동체 의식), 기업가 정신과 같은 환경적, 문화적, 사회적 요인들이 중요한 요소로 부각되고 있다.

과거에는 교통기반시설과 지역 내 소도시의 존재 여부 혹은 대도시 중심부와의 접근성이 중요한 요소로서 자주 거론되었지만, 지금은 접근성 자체가 지역발전의 충분 요건이 되지 못하고 있다.

실질적으로 지역발전에 중요한 것은 어느 한두 가지 형태의 자원을 보유하고 있다는 사실보다는 자원을 적절하게 활용할

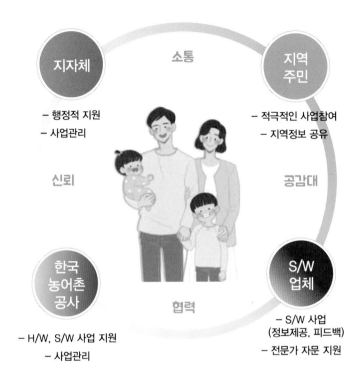

지자체
- 행정적 지원
- 사업관리

소통

지역
주민
- 적극적인 사업참여
- 지역정보 공유

신뢰

공감대

한국
농어촌
공사
- H/W, S/W 사업 지원
- 사업관리

협력

S/W
업체
- S/W 사업
(정보제공, 피드백)
- 전문가 자문 지원

수 있는 능력이다. 이것은 농어촌 발전을 바라보는 시점이 근본적으로 변해야 한다는 것을 의미한다.

그동안 농어촌 개발의 주요 이슈는 농가소득을 보장해 주기 위한 농산물의 적정가격의 지지와 농어촌의 생활환경 및 교통, 도로 등과 같은 물리적 기반을 정비하는 것들이었다.

그러나 앞으로의 농어촌 발전은 식품의 안정성과 고품질 농산물 공급, 환경보전과 도시민을 위한 휴식처 제공 등 농어촌의 다원적 기능을 고양하는 데 초점을 두어야 한다.

즉, 농어촌 발전은 쾌적성에 기초를 둔 발전(Amenity-based development)이어야 한다. 이것을 위해서 농어민은 무공해 농수산물을 판매하거나 지역의 관광과 연계된 특산물을 직접 공급함으로써 타 지역과 구별되게 하는 것이 좋다.

한마디로 요약해서, 그 지역만의 매력을 찾아 새롭게 개발하고 유지하여 그것의 주체가 되어야 한다. 그리고 국민 식량 생산자로서의 역할은 물론 적극적으로 농어촌기업가와 지역의 환경관리자로서의 역할을 수행해야 한다는 것을 의미한다.

다시 말하면, 지역의 전체의 컨트롤타워인 전문경영자로서, 또 농어촌의 지역 개발과 환경가로서 새로운 역량이 필요해졌다.

## 농촌지역 역량강화 프로그램의 기본구조

　역량배양 교육사업은 현장에서 실천을 통한 학습과 지역의 인적 자본으로 나눌 수 있다. 특히 리더를 길러내기 위한 교육사업은 역량배양의 또 다른 축이다.

　이미 앞에서 잠깐 언급하였듯이 농어촌지역사회의 리더십 개발 프로그램은 서구에서 오래전부터 실시되어 왔으며 지역사회 역량개발 사업의 중심 내용을 이루고 있다.

　외국의 농어촌지역사회의 리더십 개발 프로그램을 보면, 크게 지역사회 개발과 이를 달성하기 위한 조직기술 개발을 대

상으로 하고 있다. 미국과 호주의 사례를 중심으로 리더십 배양 프로그램들이 어떻게 내용으로 어떻게 설계되어 있는지를 살펴보자.

미국의 경우 농과대학의 농촌지도(extention service)사업을 통한 오랜 리더십 교육 경험을 바탕으로 각 지역의 특색을 반영한 다양한 프로그램들을 가지고 있다.

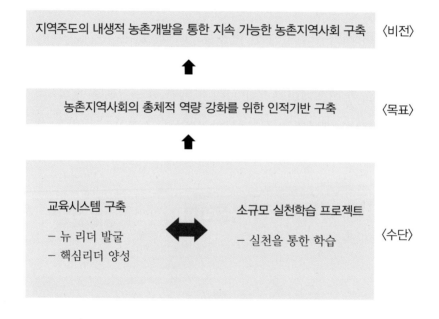

미국 농촌지역사회의 리더십 개발 프로그램은 이해보다는 실천(practice)을 강조하여 왔으며, 특히 1990년대 이후에는 지역사회에 기반을 둔(community-based), 실천지향적(action-oriented) 계획(프로그래밍)과 공유되는 리더십(shared leadership)이

한층 강조되고 있다.

이 중에서도 미주리-컬럼비아 대학에서 운영하고 있는 지역사회개발아카데미(Community Development Academy)는 농촌지역 리더십 배양 프로그램의 대표적인 사례라고 할 수 있다.

이 프로그램은 지역사회에 기초한 주민들의 자발적 노력과 창의적인 아이디어 창출, 실질적인 기술개발, 지역사회의 공통이슈에 대해 효과적으로 대응하기 위한 주민역량 강화 등을 주요 교육내용으로 하고 있다.

또 더 나아가 주민들의 다양한 의견조정과 지역사회의 미래에 대한 방향 제시 등 전문적인 능력배양교육까지도 교육의 범위에 포함하고 있다.

1. 국토 70% 산림지역 간벌목 700만ton /
   농수산폐기물 3,000ton 사용
2. 열병합발전 배전공급
   (산업용증기, 재배농가 3km이내,
   농가주택난방)

1. 귀촌자를 위한 차별화된 전원주택 설계
2. 100세대 이상의 단지를 조성하여
   자립적 마을로 서의 역할
3. 열병합발전소의 폐열을 이용한 난방공급

1. 용폐하고 코믹한 악동, 라바 친구들과
   함께하는 어린이 테마파크
2. 교육, 체험 및 복합놀이시설
3. 유아, 유치원 및 초등학교 소풍장소로 제공
4. 주변 관광단지와 연계하여 문화시설로 자리매김

1. 4차 산업의 대표적 신기술인 드론
2. 최근 저변인구의 확산 및 신기술과
   결합되어 많은 분야에서 활용
3. 초기교육, 체험 및 놀이시설로서의 체험장

1. 승마체험장을 설치하여 교육,
   체험 및 놀이시설로서의 체험장

교육과정은 3단계로 나뉘며 각 단계별로 5일씩의 교육을 한다.

1단계는 지역사회발전의 목적과 비전의 이해, 2단계는 지역사회 활성화전략학습, 3단계는 지역사회를 위한 역량창출 실천기법으로 구성된다.

또 다른 예로 노스캐롤라이나 A&T 대학의 마을의 소리 프로그램(Community Voices Program)을 보자.

이 프로그램은 함께 일하는 것의 중요성, 지역의 장래 비전, 공유된 비전에 도달할 수 있도록 자원을 알고 연계시킬 수 있는 능력, 그룹으로서 효과적으로 일하고 다른 사람에게 자기 아이디어를 전달하는 방법을 가르친다.

그리고 지역사회의 이슈와 욕구를 인식하도록 돕는 체계적인 문제해결 방법 등을 습득하도록 교육내용이 구성되어 있다.

이를 효과적으로 배양하기 위하여 지역사회의 비전을 공유하기 위한 지역의 이해, 함께 일하는 기술습득, 비전의 구체적 실현방법 체득(조직력, 파트너십, 기획력, 리더십 기술)을 단계적으로 습득하도록 돕는다.

한편 호주의 리더십 배양 프로그램도 미국과 마찬가지로 문제해결 능력과 함께 일하기, 효과적 의사결정법 배양 등을 주요 교육 목표로 두고 있지만, 구체적인 주안점은 미국과 약간

다르다.

호주의 퀸즈랜드(Queensland) 주정부에서 운영하는 농촌지역 리더 육성프로그램(Building Rural Leaders)을 보면 리더십 유형, 개성의 차이에 대한 이해, 자신감과 자기존중심 갖기, 높은 성과를 내는 팀 만들기, 팀 내 역할 분담, 문제 식별 및 해결기법, 협상과 의사결정, 효과적 메시지 전달법 등을 중요한 교육 내용으로 한다.

이를 위해 교육과정도 타인과 자신에 대한 이해, 조직화 기법, 의사결정과 효과적 의사전달법 등을 단계적으로 습득하는 것으로 구성되어 있다.

호주와 미국의 프로그램을 비교해 보면 미국의 경우 지역사회 발전 비전의 공유와 활성화 전략의 이해, 이를 위한 구체적인 역량개발과 지역계획수립에 더 초점을 맞추고 있다.

그리고 호주의 경우는 이런 지역사회개발의 역량보다도 이를 수행할 수 있는 개인의 리더십 역량, 즉 자기개발, 협상기술, 의사전달기법 등 개인의 발전과 리더십 기술의 배양에 더 초점을 맞추고 있다.

나라마다 약간의 차이는 있지만 전체적으로 볼 때 미국과 호주 등의 리더십 개발프로그램은 지역사회에 기반을 둔 총체적인 리더십 배양을 특징으로 한다.

지역사회, 비전, 학습, 실천을 총체적 관점에서 배양하고 공동체 지향적(community-oriented)이며, 실천 지향적(action-oriented)인 능력의 배양을 중심 목적으로 한다.

이런 교육목표와 방식은 그간 우리나라의 농촌지역 교육이 품목별 전문분야별 리더를 양성하는 기술교육에 중점을 둔 것과 대비된다.

또한 구체적 프로그램의 운영에 있어서는 강사에 의존하는 일방적 강의보다는 토론식 참여 학습, 나아가 실천학습 원리(action learning principles)를 강조하며, 단기의 일회성 교육이 아니라 최소 6개월 이상의 중·장기로 운영되고 있다.

이것은 일회성 단기 프로그램으로는 중대한 행동변화, 태도변화가 일어나기 어려우므로 장기에 걸쳐 상호학습하고 의식을 변화시켜 나가야 할 필요가 있기 때문이다.

최근에 우리나라에서도 농업기술교육과 다른 차원의 지역개발인재양성 교육의 필요성을 인식하고 농림부 및 한국농촌공사에서도 2005년부터 미국 호주 등에서 보는 새로운 개념의 리더육성 교육을 실시하고 있다.

제23차 농어촌지역정책포럼
**농촌 활성화의 길, 신활력 플러스에서 찾는다**

이 프로그램은 농촌지역의 주체역량을 강화하기 위하여 새로운 리더(emerging leaders)를 발굴하고, 지역사회가 안고 있는 문제의 인식 및 해결능력 등 리더십 발휘능력을 개발하는 것을 주요 교육목표로 한다.

시행한 지는 그렇게 오래 되지 않았지만 단편적, 비체계적으로 실시되어 온 여타의 국내 교육 프로그램에 비해 매우 체계적이다.

특히 각 세부과정의 교육내용이 단계별로 연속, 심화 학습할 수 있도록 되어 있기 때문에 농촌현장의 실천적 리더를 수준에 따라 효과적으로 육성할 수 있는 프로그램으로 좋은 평가를 받고 있다.

# 미국 및 호주의 리더십 배양 프로그램의 내용과 구조

| 미주리<br>컬럼비아대학<br>CDA | NC A&T 대학의<br>CVP | 호주 퀸즈랜드주의<br>BRL |
|---|---|---|

| 지역사회 발전의<br>목적과 비전의 이해 | 지역사회<br>비전의 공유 | 자신과 타인에<br>대한 이해 |
|---|---|---|
| – 지역사회 발전의 이해<br>– 지역자원의 발굴과 평가<br>– 리더십 개바르이 필요성 | – 함께 일하는 것의 중요성<br>– 지역의 장래비전<br>– 비전과 자원의 연결방법 | – 리더십 유형<br>– 개성의 차이에 대한 이해<br>– 자신감과 자기존중 갖기 |

| 지역사회 활성화<br>전략 학습 | 함께 일하는 기술 습득 | 조직화 기술 |
|---|---|---|
| – 정보의 수집방법<br>– 지역발전 프로그램 개발<br>– 주민참여 방법 | – 의사소통 방법<br>– 회의진행법 | – 높은 성과를 내는 팀<br>  만들기<br>– 팀내 역할 분담 |

| 지역사회를 위한<br>역량 창출 실천 기법 | 비전의 구체적<br>실현 방법 | 의사결정 및 효과적인<br>의사 전달법 |
|---|---|---|
| – 계획 수리기법<br>– 조직화 기법<br>– 갈등 조정<br>– 지역발전전략 워크숍 | – 지역문제 발굴 기법<br>– 정보획득과 활용방법<br>– 실천조직 구성법 | – 문제식별 및 해결기법<br>– 창조적 사고<br>– 협상과 의사결정<br>– 효과적 메시지 전달법 |

# 강원도의 새 농어촌 건설운동 사례

정부는 1990년대 말부터 다원적이며 종합적 농어촌정책으로, 하향식에서 상향식으로, 중앙주도에서 지방주도로 농정의 변화를 모색하고 있다.

그 일환으로 녹색 농어촌체험마을(농림부), 소 도읍 육성사업(행정자치부), 농어촌 마을 종합 개발사업(농림부) 등 종래의 관 주도, 중앙 주도의 방식에서 벗어나 주민이 계획하고 참여하는 방식의 새로운 농어촌개발사업이 1990년대 말 이후 다양하게 도입되었다.

이 프로그램들은 공모제로 사업을 선정하고, 주민이 협의체를 만들어 스스로 계획을 수립토록 하는 점에서 과거의 농어촌개발사업과 다르게 한다는 점에서 상당한 차이를 가진다.

특히 농어촌 마을종합 개발사업의 경우 주민교육, 리더양성, 선진지 견학과 같은 교육프로그램을 사업내용에 담고 있어 형식적인 면으로 본다면 역량배양 프로그램의 하나라고 할 수도 있다.

그러나 내용면에서 이 사업들은 각각 농어촌관광, 소도읍 정비, 생활기반 정비 및 소득사업에 주로 초점을 맞춰 역량강화를 주목적으로 하는 본격적인 역량배양 프로그램은 아니다.

물론 사업 수행과정에서 주민참여와 상향식 계획을 도입한 점에서 주민의 역량배양이 이루어질 소지는 충분히 있으나 농정연구센터(2004.1)의 사례 조사에서처럼 실제로는 여전히 소수의 주민이 주도하고 외부전문가의 자문에 의존하는 등 여러 가지 문제점을 가지고 있다.

그리고 주민교육도 형식적이거나 관광, 소득 관련한 하드한 시설의 건설에 밀려 부차적인 성격으로 떨어지고 있는 형편이다.

오히려 정부가 주도하는 이런 농어촌 개발사업보다는 강원도나 전북 진안군과 같이 지자체가 독자적으로 실시하는 농어촌 개발지원 프로그램이 주목된다.

강원도의 새 농어촌 건설운동은 1999년에 전국 최초로 지자체 차원에서 전개된 농어촌 개발지원사업이다.

이 사업은 농어촌 주민들의 자율적 개발 역량과 의지가 높은 마을에 인센티브형 지원을 함으로써 주민의 참여도를 제고시키고 타 마을의 시범효과도 높이려는 의도로 추진되고 있다.

사업 방법으로서는 마을 단위로 작성된 마을 발전계획과 자율적 마을개발 추진 실적 등을 심사하여 우수마을로 지정된 마을에 사업비를 지원함으로써 마을활성화 사업을 유도한다.

사업의 추진 체계는

첫째, 먼저 공무원들의 시책 설명회를 시작으로 참여를 원하는 각 행정리들은 이장이 주축이 되는 마을 추진단을 구성하게 된다.

둘째, 마을 추진단을 중심으로 각 마을에서는 주민들이 자율적으로 다양한 소규모 마을정비 사업들을 추진하고 마을 발전계획을 구상하며, 이때 우수마을 심사를 위해 주민의 여러 활동을 증빙할 수 있는 자료와 계획서를 함께 작성한다.

셋째, 읍·면별, 시·군별 자체 평가를 거쳐 추천된 마을들을 대상으로 도에서 구성한 평가단이 서류 및 현장 심사를 통해 우수마을을 최종 선정하게 된다.

넷째, 선정된 우수마을에 대해서는 포괄적 사업비 5억 원(도비 3억, 시·군비 2억)이 지원된다. 그리고 2004년까지는 매년 15개 마을을 선정하였으나 그 이후부터는 호응이 좋아 30개 마을을 선정하고 있다.

또 지속적 추진을 유도하기 위하여 우수마을은 선정 후 5년이 경과한 우수마을을 재평가하여 매년 2개 마을씩 1억 원을 지원하고 있다.(연간 사업비 도비 92억 원, 시·군비 60억 원)

이 사업의 시행 결과 2005년까지 지원받은 총 115개 마을 중 85개 마을이 친환경농업, 관광농업 등으로 특화하여 지역 농어업을 선도하는 모델마을로 성장하였다.

또 주민들이 자신감을 갖게 되고 의식전환의 계기가 되었으며, '우리도 할 수 있다.'는 경쟁심을 유발하여 인근 마을에 파급되는 효과도 컸다.

그러나 강원도의 새 농어촌 건설운동도 본격적인 역량배양 사업으로는 한계가 있다.

특히 이 사업은 5억 원의 자금이 포상금 형태로 일회성으로 주어지기 때문에 우수마을로 선정되어 사업비 지원을 받은 이후에 선정 이전보다 소극적이거나 사업을 중단하는 마을(약 25개 마을)도 적지 않다는 문제점을 가지고 있다.

지속적인 지원 및 주민 교육이나 지원 프로그램과 같은 역량을 배양하는 프로그램과도 결합이 부족하다는 점에서 한계를 가지고 있다.

# 제5장

# 조합의
# 전문경영인
# 제도

조합의 책임경영을 위한 상임이사제가 원래는 기업에서의 '전문경영인제'인데 조합에서 벤치마킹을 한 것으로서, 이 제도의 핵심적인 내용이라고 할 수 있는 것은 "소유(자본)와 경영을 분리하라."는 것이다.

　이것은 어쩌면 내용이 간단해 보이지만, 조합장의 마음을 움직여야 하는 것이기 때문에 생각보다는 간단치 않은 것이다. 어떤 분들은 오해를 하여 다른 의도가 있을까 봐 매우 염려하고 경계심을 표출하기까지 한다.

　결국은, 왜 이렇게 해야 하는지에 대한 이해를 잘 못하기 때문이다.

　그래서 이해가 잘 안 되는 경우에는, 여러 가지 방법으로 대책을 강구해서라도 꾸준히 설명을 해야 하며 또 인내심을 가지고 반복적으로 하는 교육만이 최고의 효과를 기대할 수 있

고 해결을 할 수 있다.


　비유를 들어 설명해 보겠다.

　어떤 기업의 돈 많은 사장이, 본인이 신형 차량을 사서 오랫
동안 직접 운전을 했다(자가운전)면, 이 사장은 차량을 운전하는
것 특히 장거리 운전을 하는 것이 때로는 귀찮고 많이 피곤할
때가 있을 것이다.

　그러면 누가 대신 좀 해 줬으면 하는 생각이 들 것이고, 이
런 상황이 오래 지속되다 보면, 아예 운전을 책임지고 맡길 사
람을 찾게 되며, 어떤 사람을 채용하면 이것이 바로 운전전문
가(운전기사)이다.

　그러나 반대로, 어떤 사람이 직장생활(월급쟁이)을 한 지 10

년 만에 겨우 중고차량을 처음으로 샀다고 가정을 했을 때, 이 사람은 차량을 산 것도 기쁨이겠지만, 자기가 운전을 하는 것 자체도 대단한 기쁨이 된다.

그럴 때 친구가, "그 차 한번 운전을 좀 해 보자."고 한다면, "무슨 소리야? 옛말에 ○○○는 빌려줘도 차는 안 빌려준다는 말도 못 들어 봤느냐."고 하면서 단칼에 확실하게 거절을 할 것이다!

그렇지만, 부득이하게 어려운 입장의 사람이 찾아와서, 어쩔 수 없는 상황에서 운전을 좀 하자고 했을 때는 체면상 거절도 못하고 울며 겨자 먹기 식으로 허락은 하겠지만, 마음이 썩 좋지만은 않다.

그래서 차에 대한 설명을 하고 또 하고 불필요한 설명까지 온갖 설명을 다 할 수도 있다. 그래도 또 마음이 안 놓여서 함께 동행을 하자고 할 수 있고, 또 동행을 한다면 온갖 잔소리란 잔소리는 다 할 수 있다.

이상과 같이, 사장과 월급쟁이가 똑같이 자기 소유의 차량 운전을 남에게 맡긴다고 했을 때, 이것에 대한 마음의 자세라고 할까? 심(心)적인 차이가 분명히 있는 것이고, 그 차이의 정도가 아주 크다.

이것을 기업 사장의 경우로 비추어 보면, 사장 일을 오래하다가 가끔은 간단하게 결재를 하는 것도 많이 바쁘게 느껴지거나 귀찮을 때가 있고, 그러면 누가 대신 좀 해 줬으면, 하는 생각을 할 수도 있다.

또 기업이 성장해서 경영과 관련한 문제가 복잡해지면, 아예 경영을 책임지고 맡아서 할 경영 전문가를 찾을 수밖에 없다. 그런 훌륭한 사람을 채용하면, 그분이 바로 전문경영인에 해당하게 된다.

그런데 조합장은 이런 경우와는 다를 수밖에 없는데, 공적인 입장이 다르기도 하고 특히 심적인 면에서 많은 차이가 있다.

조합장의 마음은 기업의 사장과 같이 권태롭거나 힘들지가 않다. 직장생활자(월급쟁이)가 차를 사서 운행하려는 꿈에 부풀어 있거나 조금 운행을 해 본 정도의 마음이니까 당연히 누구에게도 운행을 맡기고 싶지 않은 것과 같이 전문경영인에게 일을 맡기고 싶지 않은 상태이다.

조합장은 조합장이 되고 싶은 마음에 그동안 조합에 대한 애정이 커서, 조합을 자신 개인의 것으로 착각을 할 수 있다는 것이다. 어떻게 보면 말도 안 되는 것이지만 많은 이해를 해줘야 한다.

조합장직을 위해 온갖 정성과 노력을 쏟았고 오랫동안 피와 땀을 흘렸으며 많은 돈까지 투입됐기 때문에, 그것이 너무나 크게 느껴져서 어떻게 보면 짝사랑과 같은 집착이 생겼을 수 있다.

단지 개인의 문제라고만 치부해서는 안 되겠지만 그렇다고 해서 마냥 그대로 인정을 하는 것은 더더욱 말이 안 된다. 그대로 인정할 경우 혼란에 빠지고 뜨거운 감자가 아닐 수 없게 된다.

그러니 조합장에게 어느 정도는 적당히 명분도 주고 조합으로서도 개혁을 잘할 수 있는 분위기를 만들어 주는 것이 기술이다. 이것은 조합장의 개인적인 성격에 따라 많이 달라질 수 있다. 개별적인 분석과 처방을 잘 해야 효과를 발휘할 수가 있다.

그래서 우리 모두가 기본적으로 개혁을 준비하면서 양심적으로 하자고 얘기하고 싶고, 솔직하게 기득권을 내려놓자고 말하고 싶다.

그래서 소유와 경영을 분리한다는 게 이렇게 예민할 수도 있기 때문에 어떤 식으로든지 간에 모두가 서로를 이해하려는 노력이 필요하다.

이와 같이 같은 일이라도 그 사람이 누구냐에 따라서 마음이나 행동은 물론 결과까지 너무나 크게 차이가 난다는 설명을 장황하게 했다.

이것이 양심적으로 솔직하게 기득권을 내려놓는 것, 특히 조합장의 마음을 이해하고 개혁하는 데 있어서 다소나마 도움이 되기를 바랄 뿐이다.

이것이 별것 아닌 것 같아도, 갈등이 심한 조합의 상임이사로 3번이나 취임을 하고 직장에서 소위 짤리는 동안 고심도 하고 온갖 고난을 다 겪으면서 천신만고 끝에 남은 보상이라는 것을 꼭 이해했으면 한다.

무엇이든지 제대로 알고 나면 별것이 아니지만, 알기 전에는 그렇게 생각할 수 없었다. 처음에는 정말로 너무나 황당하고 답답했었다.

심지어 월급쟁이 입장에서 보면, 내 차량을 내가 운전하면 얼마나 좋은데 왜 남에게 운전을 맡겨야 하지? 그것도 월급을 많이 주면서까지… 등등 이 제도에 대해서 진정으로 이해를 잘 못하는 것이다.

오해가 오해를 낳는 법이라고, 도무지 간단한 것 같은데도 좀처럼 쉽게 이해를 못할 수도 있다. 세상의 일을 내가 다 잘 이해하고 잘 알 수는 없는 것이다. 단지 각자가 잘하는 전문분야가 있기 때문에, 전문가에게 맡겨 보자는 식으로 좀 편하게 생각을 하면 좋겠다.

물론 이런 말을 안 해도 금방 이해하고도 남는 사람이 있지만, "이것을 제대로 잘 이해하지 못하는 사람들도 생각보다 많다."는 것이다. 소통은 잘 안 되는 사람과의 소통을 잘되게 하는 것이 가장 중요하다.

물론 이렇게 설명을 했지만, 또 다른 이유(선입견 등)가 있어서 이 제도에 대한 인식이나 의식의 전환을 하지 못하는 경우도 있을 수가 있다.

아무튼 중요한 것은 조합장이 이 제도에 대한 올바른 이해를 하고 제대로 인식해서 받아들이고 실행을 하느냐 안 하느냐가 관건이다.

기업의 사장이나 조합장이 다 같이 전문경영인에게 맡기는 것은 같으나, 실제 두 사람의 마음은 천양지차로 차이가 난다. 조합장의 불퉁스러운 마음을 좁히고 없애는 것이 생각보다 어려울 수 있다.

그러므로 개인적인 성격이나 주변의 환경과 여건에 따라서는 예민하게 작용할 수 있는 부분이 있다. 그렇기 때문에 이것은 조합장만의 일이 아니다. 전 구성원과 관계자들이 협조해서 분위기를 만들어 가야 하는 일이다.

이것은 그만큼 중요하기 때문인데, 쉬울 것 같지만 생각보다 어려울 수 있다. 이것은 마음의 변화, 마음을 움직이는 일이기 때문이다. 논어에 '인심제 태산이(人心齊 太山移)'[15]라는 말이 있다.

막상 시작하면 이 제도를 도입할 당시에 조합장들의 입장에서는 그동안 막강한 권한과 책임이 주어졌던 조합장의 권한이 단순하게 축소되거나 없어진다는 생각만 하고 가장 핵심적이고 중요한 '소통'에 있어서는 소홀히 했다.

조합의 진정한 책임경영과 전문경영인으로서의 역할을 하

---------

15 인심제 태산이(人心齊 太山移)는 『古今賢文合作篇』에 나오는 말. "사람의 마음이 모이면 태산을 옮길 수 있다"는 뜻으로 중요한 일일수록 마음을 모아야 한다.

겠다는 취지가 흐릿한 상태로 형식적으로 도입했기 때문에 문제가 됐다.

그러나 좀 더 폭 넓은 견지에서 이해한다면, 그 당시에는 우리가 다 알지 못하는 나름대로의 이유가 있었을 것이라고 쿨(Cool)하게 이해를 하고, 지금은 현 상황에 맞게 제대로 할 수 있어서 좋다고 생각하자.

아무튼 이 기본적인 것이 안 되면 어떠한 대책이나 방법도 소용이 없다. 조합원(소유자)의 대표인 조합장이 전문경영인에게 진정한 책임이나 권한을 주지 않고 책임경영을 하라고 하는 것은 크나큰 모순이다.

하나 이와 관련된 이야기를 해 보자. 국내 'CEO주가 1호'라고 불리는 서두칠 사장이 '백수'가 되자, 여기저기서 러브콜이 쏟아졌다. 업계 1위인 곳, 부회장 자리를 제안한 곳, 엄청난 연봉을 제인한 곳, 연봉을 백지상태로 둔 채 정히는 대로 무조건 주겠다고 하는 곳 등. 그러나 그는 모두 마다했다.

이유는 단 한 가지, "내가 할 일이 있는 곳이 없다."는 것이었다. 그는 자신이 전문경영인으로서 능력을 발휘할 수 있는 곳을 찾고 있었다.

그런 그가 택한 곳이 바로 동원시스템즈(구 이스텔시스템즈)였다.

이 회사의 조건은, 일체의 경영간섭 없이 전문경영인의 역할을 보장하겠다는 창업주의 약속이 있었다는 것, 단지 이것 하나뿐이었다.

이와 같이 전문경영인에게는 다른 어떤 조건보다도 가장 중요한 것이 바로 '일체의 경영간섭 없이 전문경영인의 역할을 보장하겠다는 오너의 약속'이다. 이것이 그렇게 중요한 것이라는 사실만 꼭 알아야 한다.

아무쪼록 모두가 다 잘 이해하고 실행이 잘될 것이라고 크게 기대한다.

그리고 세상의 어떠한 법이나 제도도 그 자체로 중요하겠지만, 이것보다도 훨씬 더 중요한 것은 해당하는 법과 제도의 취지와 목적에 맞도록 실천을 하는 것이라는 사실을 반드시 명심해야 한다.


## (1) 조합의 현 상임이사 제도

현재 상임이사 제도에서 또 하나의 가장 큰 문제(유명무실)로 부각되는 것은, 상임이사 선출을 위한 '상임이사 인사추천위원회' 7명이다.

이 인사추천위원회의 구성을 보면, 조합장(1명), 비상임이사(3명), 대의원(2명), 조합장이 추천하는 외부인사(1명) 이렇게 해서 총 7명이다.

이 구성원들을 볼 때 외형상 겉으로 보기엔 전혀 문제가 없고, 어떻게 보면 당연한 것으로서 잘된 것이라고 볼 수도 있을 수 있다.

하지만 우리는 외형상 포장도 좋으면 좋겠지만, 포장보다는 내용! 내용이 아주 중요함을 간과해선 안 된다.

이들은 조합에 지원을 한 전문경영인들에게 통상적인 소위 면접, 전문경영인으로서의 경력과 역량을 알아보기 위한 검증을 하고, 이들을 비교를 해서 한 사람을 선발을 해야 하는 중요한 자리에 있기 때문이다.

이 면접(Interview)에 대한 것을 이분들이 어떻게 생각하고 있는지 모르지만, 이것이 대단히 어렵다. 그것도 전문경영인들을 면접해야 한다는 것은 쉽게 생각해서 안 될 문제이다.

사회 초년생인 신규직원들의 면접도 면접을 하기 위한 다양한 준비를 해야 한다. 먼저 조합에서도 면접과 관련한 전반적인 사항에 대해서 연구를 많이 해서 신중하게 이루어져야 한다. 그런데 우리 조합이 전문경영인들의 면접을 위해서 준비를 하고 시행하는 것을 볼 때, '정말 표현히기도 민망하다. 이렇게 해서는 안 된다!' 개탄을 금할 길이 없다.

필자는 지나친 사례를 여러 번 보았다. 그래도 겉으로 보기에 잘 굴러가는 것처럼 보이는데 겉으로만 그렇게 보일 뿐이다. 다른 문제들도 많이 있지만 이 문제는 너무나 중요하다. 전문경영인 상임이사를 제대로 뽑는 것이 그만큼 중요하고도 어렵기 때문이다. 그래서 여러 가지의 여건과 상황을 고려할 때, 조합의 내부에서 "이 추천위원회를 구성하고 진행하는 것은 부적절하다." 그렇게 해서는 안 되는, 절대로 불가할 정도이다. 그래서 반드시 외부에서 검증된 기관이나 TF팀을 구성하여 제대로 해야 하는 것이 맞다.

실제로 현재는 어떤 사람이 인사추천위원회의 면접위원인지? 면접을 위해 어떤 준비를 하는지? 조합에서는 어떻게 준비를 하는지? 독자들이 꼭 직접 확인해 보았으면 한다.

그리고 그렇게 해서 선발된 전문경영인들도 제대로 자격과 능력을 갖춘 사람들인지 살펴보기 바란다. 언뜻 생각하면 당연히 그럴 것 같지만 실제는 안 그렇기 때문이다. 그 사람에 대한 이력서나 경영계획서 등 몇 가지만 봐도 쉽게 알 수 있다.

그 사람에 대해 제대로 더 잘 아는 방법은 전문경영인들끼리 모인 자리에 가 보는 것이다. 교육이나 회의 특히 '상임이사들만의 모임'에 가서 토론을 하거나 일상 대화를 해 보면 금방 알 수가 있다. 아니면 그 자리에 참석한 몇 분에게 물어보면 바로 알 수 있다.

그래도 상임이사들만의 모임에 참석하는 분들은 또 그 나름대로 아주 기본적인 역할은 할 수 있다고 생각이 된다. 하지만 여기에 참석을 안 하는 것이 아니라, 못하는 사람이 있다! 그것도 수년째 한 번도 못한다는 것이다. 이에 대해서 여러분께서는 어떻게 생각하시는지?

그 당시에 불참하는 이유나 변명은 여러 가지로 하겠지만, 그 사람하고 다소 친한 사람들의 얘기를 들어 보면, 이유는 오직 한 가지로써, "참석하고 싶은데, 조합장님께서 허락을 안

한다."는 것이다!

이렇게 얼토당토않은 유치한 말을 하는데, 설마 이 말이 거짓말이라고 생각하시는지? 가짜 뉴스라고 치부하실까 봐 많이 걱정스럽다. 이러한 사실의 얘기를 말하기는 매우 어렵다. 하지만 '이제는 말할 수 있다.'라는 모 방송프로에서처럼 솔직하게 얘기한 것이다.

그게 뭐가 그렇게 대단한 것처럼 얘기하느냐고 반문하시는 분이 혹시라도 있는지는 모르겠다. 굳이 설명을 안 해도 잘 알 것이지만, 노파심에 조금 얘기를 더 하면 이것 자체야 뭐 별것 아닌 게 맞다.

하지만 이것은 화석(化石)과 같은 것이다. 이렇게 하는 것을 보면 왜 그렇게 하는지 그 이유를 알 수 있기 때문이고, 그 이유가 정말 너무너무 말도 안 되기 때문이다.

과연, 조합의 전문경영인, 거대한 조직의 진문경영인이 맞는지…? 왜 그 자리에 앉아 있는지? 정말 진심으로 물어보고 또 진정으로 물어보고 싶다…!!!

이런 사람에게 전문경영인이라는 단어는 정말 너무나 낯부끄러운 것, 욕을 먹이는 직명이다. 아니지 정말로 해서는 안 되는 치욕적인 명칭이다! 그래서 개혁을 하는 것이다. 반드시 해야만 한다!!!

이것은 TV 방송 '세상에 이런 일이'에 제보를 꼭 해야 한다. 그런데 이런 조합이 한두 군데가 아니다. 정말 많다. 너무나 많다. 여러분께서 직접 확인을 좀 해 보기 바란다. 이것은 정말 간단하다.

갑자기 해당 조합 상임이사의 두 눈을 똑바로 마주 보면서, "○○지역(광역시나 도 단위내지, 이것을 묶은 통합단위) 상임이사모임을 하면, 몇 명이나 참석해요?" 이렇게 이거 하나만 질문해 보면 끝이다. 독자들은 이 말이 무슨 말인지 알 것이다. 바로 역량도 갖추지 못한 상임이사를 형식적으로 앉혀놓고, 조합장이 상임이사에게 제대로 일할 기회를 주지 않는다는 말이다. 그리고 실제로는 조합장이 마음대로 경영한다는 말이다.

이것은 정말 유치하고 치사스럽지만 할 수 없다. 여러분들께서는 현재의 진실을 제대로 알아야 하기 때문이다. 그래서 이렇게 확인을 해 보면 필자가 정말로 "괜히 너스레를 떤다." 고 생각을 하지 않을 것이다.

그리고 이런 조합들이 대부분이라고 할 정도로, 생각보다 많다는 것도 실감할 수 있을 것이다. 그러나 또 어떻게 보면 이 사람들만의 잘못이라고만 할 수 없는 부분도 조금은 있다. 그것이 바로 이 책을 쓰게 된 이유인 이 상임이사제를 잘못 운영하고 있기 때문이다.

그렇다고 할지라도 그 자리에 앉아 있는 사람은 최소한 나쁜 사람이고, 양심의 가책을 느낄 것이다. 매일같이 가시방석

**상임이사 선출은 조합장 선거후 하기를 촉구**

○○농협  2015. 1. 20

# [ ○○ 농협 이사회 구성명단 ]

| 직책 | 이름 | 관계 |
|------|------|------|
| 상임이사 | 이○○ | 조합장이 추천 |
| 상임감사 | 이○○ | 조합장이 추천 |
| 비상임감사 | 이○○ | 타 지방 사람 |
| 사회이사 | 고○○ | 지인 |
| 사회이사 | 김○○ | 친분있는 변호사 |
| 비상임이사 | 김○○ | 지인 |

| 직책 | 이름 | 관계 |
|------|------|------|
| 비상임이사 | 윤○○ | 초등학교 동문 |
| 비상임감사 | 이○○ | 초등학교 동문 |
| 비상임감사 | 이○○ | 지인 |
| 비상임감사 | 윤○○ | 지인 |
| 비상임감사 | 윤○○ | 지인 |
| 비상임이사 | 이○○ | 지인 |

# [ ○○ 농협 조합장 회의록 조작 의혹 ]

| 정기대의원회의 자료 내용 | → | 대의원 회의록 내용 |
|------|------|------|
| 통상임금기준 2.65% 변경 | | − 월 기본 실비 843만 원<br>− 성과급 기본연봉액<br>  60%이내 추가 |

에 앉아 있는 것처럼 느끼고 있을 것이다. 그러나 오히려 더 당당해 보이는 게 현실이다. 이것은 그 허물을 덮거나 포장을 하기 위해서 위장하는 것이다.

이런 사람들이 잘할 수 있는 것은 소위 말해서, '비비는 것.' 공적인 법보다는 사적인 이해득실에는 무진장으로 빠르고, 예 스맨이다.

이렇게 표현하는 것은 나름대로 아주 절제된 표현을 한 셈 이고 더 이상의 표현은 가능하면 최대한 자제해야 한다는 생 각이다. 그리고 하물며 해당하는 조합장에 대해서도 엄청나게 많은 표현을 자제하고 있다.


안 해도 이심전심이라고, 충분히 다 잘 알 것이다. 그래서 이렇게 참고 참다가 이제라도 이것을 쓰는 것이다. 그러니 부 디 조합을 개혁해야 한다. 제대로 해야 한다. 어려운 것도 아 니고 쉽기 때문이다.

그러나 이러한 까마귀 떼들 속에도 적은 숫자에 불과하지 만, 항상 고고한 자태를 자랑하면서 유유자적하는 백로도 있 는 법이다. 그래서 다행히 이 세상이 유지되도록 균형을 바로 잡아 가고 있다.


이 백로 같은 분들 중에는 ○○지역의 상임이사협의회의 회 장을 역임했던 최준형 조합장(군위농협)님을 비롯해서, 전직 조 합장님이 여러 분들이 계시지만 지면 관계상 생략을 하고, 현직 조합장님 몇 분을 소개하겠다.

농협 혁신을 표방하는 조합장 모임인 '농협조합장 정명회'의 초대 회장을 역임하셨던 남무현 조합장(불정농협)님, 박상진 조합장(마산시농협), 임 탁 조합장(서의성농협)님, 박영훈 조합장(청도농협)님, 김창태 조합장(청도축협)님, 박명수 조합장(매전농협)님 백덕길 조합장(동대구농협)님, 김도연 조합장(상주농협)님, 재선에 성공한 여성 조합장이신 박명숙 조합장(월배농협)님, 지점장 출신의 초대 조합장인 정성진 조합장(한국양계축협)님, 3선에 성공한 김용준 조합장(상주축협)님, 재선에 성공한 박순열 조합장(청도군산림조합)님, 재선에 성공한 우진석 조합장(구미시산림조합) 박노창 조합장(영덕수협)님 등이다.

우리의 경제가 글로벌화 되고 경영상황이 복잡해졌으며, 조합의 경영규모가 커짐(상위권 조합 자산이 2~3조 원)에 따라 필수불가결하게 개혁적으로 도입한 책임경영제를 위한 상임이사제의 근본적인 취지와 목적을 감안할 때, 너무나도 우려스럽고 황당하기 그지없을 때가 무척 많다.

일반적으로 면접, 이 면접이라는 것에 대해서 별로 신경을 못 쓰는 경우가 많다. 당장에 사업과 연관이 없어 보이는 것처럼 보여 그렇겠지만, 절대로 면접을 가볍게 생각해서는 안 된다.
옛말에 "어떤 집안이 잘되려면 며느리가 잘 들어와야 한

다.", "미꾸라지 한 마리가 한강물을 다 흐리게 한다."는 등의
속담이 있는 것처럼 면접은 대단히 중요하다. 실제로 이런 사
실의 증명은 많고도 많다.

당연히 우수한 인재를 채용해야 하기 때문인 것은 물론이
고, 사회의 정의구현, 공정성(과정, 결과)의 문제 등이다. 불과
얼마 전 ○○ 전 ○○○장관과 ○○인 부인의 딸에 대한 대학원
입시 부정과 관련해서 많은 물의(분쟁)를 일으킨 바가 있는 등
이러한 여러 가지 문제는 사회적 공정성의 문제와 직접적으로
관련이 있기 때문이다.

하물며 신규직원도 아니고, 전문경영인이다. 아직도 현재
조합에서는 아니지만 조속히 언젠가는 바로 잡아질 조합의 전
문경영인도 당연히 대표이사이다. 이 분을 선발하는 면접인데
너무나 소홀하다.

그래서 이러한 면접을 하기 위해서는 관련된 직원을 비롯해
서, 특히 전문경영인을 면접해야 하는 분들은 기본적으로 최
소한 관련 교육을 필수적으로 받아야 하고 다양한 공부와 연
구를 많이 해야 한다.

이 전문경영인들은 기본적으로 경영에 대해서, 최소한 1편
이상의 논문이나 이 분야와 관련이 있든 없든 책이 1권 이상
은 있다. 어떤 사람은 상당히 많은 논문과 여러 권의 책을 발
표하고 발간했을 가능성이 있다.

그러면 이 논문과 책을 보고 추천위원들이 일단은 이 사람이 무엇을 했는지 이해를 해야 하는 것은 기본 중의 기본이다. 더 나아가 이것에 대해 분석과 평가를 잘할 수 있는 능력을 갖추거나 최소한 기본 정도는 가능해야 한다.

경영학이라는 큰 틀 안에는 기능적으로 구분하면 인사관리, 생산관리, 마케팅, 재무, 회계, 경영정보시스템 등이 있다. 더욱 세분하면 인사관리만 해도 조직, 인적자원, 리더십, 경영전략 등이고 또 더 세분하면, 노사관계, 조직관리, 조직행동, 조직구조, 조직개발 등이 있다.

이 경영에 대한 분야는 기업과 기업 환경 사이에서 발생되는 실제적 문제들을 다룬다. 그리고 경영학의 목적이 기업 및 소식에 관한 현상을 밝히는 점인 것에 비추어, 인긴과 인간의 의사에 의한 관계를 통해 발생하는, 이른바 사회현상에 대해 연구하는 사회과학의 범주에 속한다고도 볼 수 있다.

경영학은 기업의 경영을 위한 학문으로, 20세기 산업 구조가 복잡해지고 수많은 기업들 사이에 경쟁이 치열해짐에 따라서 실제 회사 경영에 필요로 하는 지식의 체계화와 이의 전달을 위하여 경제학에서 실천적 이론 위주의 학문으로 독립한 학술 분야이다.

이 점에서 경영학은 경제학의 이론을 적용하며, 심리학, 통계학, 교육학, 기초공학 등과 연계하여 기업의 경영을 위한 응용 학문이 된다.

이 학문은 조직의 운용·조직·지휘 등을 체계적으로 연구하는 학문이라는 특성으로 인해 경제나 기업 활동에 국한된 학문이 아닌 모든 조직에 접목될 수 있는 분야이다.

다시 말해 경영학은 경영활동을 연구대상으로 하여 이론, 실천, 과학과 기술 네 가지 측면을 모두 지니는 종합 학문이다.

조합은 이러한 경영관리를 비롯해서 신용사업과 지도사업, 특히 경제사업은 정말 다양(생활필수품에 속하는 휴지부터 자동차 등 전문적인 농기계까지)한 사업영역을 가지고 운영되고 있다.

물론 전문경영인이라고 하더라도 이 많고 많은 분야를 모두 다 꿰어 차고 있다고 보지는 않는다. 그렇다고 해서 전혀 몰라도 된다는 것은 절대 아니고, 그 이상은 당연히 더더욱 아니다.

이 많은 종류의 문제들은 어떻게든지 숫자로 표현이 되고 이 숫자의 변동사항이 실시간으로 집계가 되어 일일집계를 비롯해서 월간, 분기별, 반기별, 연간으로 회계처리가 된다.

그래서 언제라도 자기가 원하는 대로 해당하는 분야의 품목에 대해서 분석을 하고 평가를 할 수가 있어야 한다. 모든 것을 그렇게 해야 경영을 할 수 있는 것이다.

이것뿐이랴, 경영에 관련해서 더 많은, 그 이상의 내용을 다

알지는 못해도 수박 겉 핥기 식으로라도 대충 어느 정도는 알아야 질문을 해 볼 수 있다.

그런데 이 전문경영인에게 누가 어떤 질문을 할 수 있고, 또 이 사람이 답변을 했을 때, 제대로 소통이 자유롭게 된다고 장담할 분이 얼마나 있는지 의문이다. 의문을 갖는다고 해서 비난할 수 있는지 궁금하다.

그러나 이것이 절대적으로 잘못된 것도 아니고, 주눅이 들 필요도 없다. 이것은 단지 우리들이 잘 모르는 분야일 뿐이다. 우리는 누구나 잘 아는 분야가 적다. 누구나 다 제대로 잘 알지 못하는 게 사실이다.

그렇기 때문에 전문가들이 존재하는 것이다. 이 분들에게 위탁하면 된다. 간단하다. 어렵게 생각을 할 필요가 전혀 없다.

그런데도 불구하고 이것을 의뢰하거나 부탁을 하지 않고, 우리가 잘 알지도 못하면서 잘 아는 것처럼 "무식한 게 용감하다."는 말과 같이 억지춘양으로 밀고 나가는 것이 근본적인 문제의 발단이 된다.

그래서 여기에서도 이 7명의 추천위원, 이분들 모두에게 솔직하자고 얘기하고 싶고, 꼭 솔직해야 한다고 말하고 싶다. 이것은 조너선 레이몬드가 『좋은 권위』에서 "솔직하게 약점을 인정하는 태도가 가장 강력한 강점이다. 약점을 인정하는 순간 다른 사람들이 얕잡아 볼 것이라는 생각은 일종의 강박관념이다. 두려움을 거두고 마음의 문을 열면 인생에서 가장 얻기 힘든 교훈이 찾아온다. 바로 자신의 약점과 한계를 솔직하게 인정하는 태도야말로 가장 강력한 강점이라는 사실이다. 이러한 깨달음은 우리를 자유롭게 한다."고 했다.

결론적으로 말하면, 현재의 상임이사의 인사추천위원회를 직접 구성해서 운영하지 말고, 외부의 공인된 전문기구에 위탁하라는 것이다.

이 전문기구의 구성원들은, 반드시 대한상공회의소 등의 면접관 전문교육도 받고, 전문경영인에 대한 분석과 평가를 제대로 해서 선발할 수 있는 역량이 충분한 사람들로 구성이 된 TF팀(해당 임무만을 위한 임시기구)이라야 한다. 사실은 이것이 질(質)을 결정하는 이유이다.

이 TF팀의 구성을 어떻게 하느냐가 대단히 중요하다. 그야말로 이 구성원들의 수준이나 역량이 조합의 미래를 결정할 수 있는 바로미터(Barometer : 원래는 기상관측용 기압계를 말하는 것)가 되기 때문이다.

이 TF팀이 조합에서 반드시 요구되는 전문경영인 상에 대해서 충분히 이해하고 구체적으로 핵심 사항을 제대로 반영하여 잘 만드는 것이 관건이 된다. 전국에 있는 조합들의 수와 그 외 공공기관들까지 감안하면 충분히 좋은 팀 내지는 훌륭한 전문기구를 만들 수 있다.

　기업이나 조합이 다 같이 경영의 환경이 글로벌화 되고 사업규모가 확대됨으로써 여러 가지로 상황이 급변하고 복잡화되기 때문에, 경영상의 미래를 예측하기가 점점 더 어려워지는 추세에 있다.

　이러한 시대적인 흐름에 따라서 기업들 스스로 훌륭한 인재의 중요성을 인식하고 있다. 그래서 훌륭한 전문경영인이 있다면 지구 끝까지 어디라도 찾아가서 처우를 충분히 보장하고 모셔오라고 할 정도이다.

　반면에 조합의 경우에는 아직도 그러한 심각성을 인지하거나 느껴 보지 않은 채 정부의 정책에 의해 억지춘양으로 하다 보니, 상임이사 세도의 취지나 목적을 제대로 이해하려고 하지 않는다. 이해를 하더라도 관행의 익숙함이 편하기 때문에 굳이 긁어 부스럼을 만들려고 하지 않는다.

　그러다 보니 전국적으로 어느 지역을 막론하고 앞 장에 있는 조합의 개혁 필요성에서 언급한 다양한 부조리와 비리로 얼룩지는가 하면, 급기야는 경찰과 검찰에 고발과 고소가 난무하는 지경에 이르고 있다.

　또한 수협의 경우에도 기본적으로 농협과 비슷하지만, 수협을 중심으로 한 현장의 목소리를 반영하여 큰 틀에서 중요한 것만 간단하게 언급을 하고자 한다.

현재 상임이사 제도의 도입은 2002년 IMF 구제금융 위기를 겪으면서 부실화된 일선 조합의 조속한 경영 정상화를 도모하고 향후 부실경영의 예방과 지속가능한 경영을 하기 위해 책임경영체제를 도입하면서 시작되었다.

간단하게나마 좀 더 설명을 하면, 정관에서 정하는 소관업무를 전담해 처리하고 그에 대해 경영책임을 지는 데 있다. 독립적인 지위에서 전문성을 갖춘 전문경영인으로 하여금 책임경영체제를 확립해 부실경영을 방지함으로써 어업인 지원역량을 강화하는 데 그 목적이 있다.

기존에 시행된 상임이사 추천방식은 조합장이 대상자를 추천하고 이사회에서 과반수 동의를 얻은 다음, 총회에서 선출하도록 했다. 2010년 10월 13일 시행된 개정 조합법에서는 조합장이 이사회의 동의를 받아 추천하거나 인사추천위원회에서 추천한 사람을 총회에서 선출하도록 했다.

또 2016년 12월 1일 시행된 개정 조합법에서는 인사추천위원회에서 추천한 후보자를 총회에서 선출하도록 일원화했다. 상임이사 추천방식이 시차를 두고 변화된 이유는 추천방식이 공정하지 못하다는 반증이다.

상임이사는 조합 업무에 관한 전문지식과 경험이 풍부한 사람으로서 대통령령이 정하는 요건을 충족하는 사람 중에서 인사추천위원회에서 추천한 사람을 총회에서 선출하도록 돼 있다.

이와 같이 상임이사의 자격요건이나 인사추천위원회 구성 방식이 수차례 개정되었음에도 상임이사의 추천에서 선출까지의 과정은 여전히 많은 문제점을 노출하고 있다.

현행 지구별 조합 정관 제54조의 제2항을 살펴보면 조합장, 이사회가 위촉하는 조합구역의 어촌계장 1명, 이사회가 위촉하는 비상임이사 2명, 조합장이 위촉하는 학식과 경험이 풍부한 외부인사(조합원이 아닌 사람) 1명, 이사회가 위촉하는 대의원(대의원회가 없는 조합의 경우에는 조합원) 2명으로 인사추천위원회를 구성하도록 돼 있다. (업종별 및 수산물가공수협의 경우 어촌계장 1인 대신 대의원 1인 추가)

조합장과 상임이사 관계는 상호 보완적이고 협력적인 관계도 유지해야 하지만, 업무주진에 있어 상호 견제 또는 갈등석 상황에 노출될 수 있다.

인사추천위원회에서 추천을 받으려면 7명의 위원 중 과반수인 4표 이상을 얻어야 하나 이사회 의장인 조합장이 인사추천위원인 동시에 인사추천위원회 위원장으로 포함돼 있는 한 조합장의 지지를 받지 않는 사람이 인사추천위원회에서 과반수 지지를 얻기란 사실상 어렵다.

즉, 조합장의 지지가 없이는 후보자로 추천을 받기가 어렵다는 지적이다.

그래서 조합장이 인사추천위원회에서 배제되지 않는 한 현행 인사추천위원회 상임이사 추천방식은 과거 조합장 추천방식과 하등의 다를 바가 없다는 것이다.

상임이사 임기는 4년이다. 다만, 수협법 제50조 및 정관 제56조에는 임기 개시 후 2년이 되면 상임이사 소관사업부문에 대해 업무실적을 고려해 이사회 의결로 남은 임기를 계속 채울지를 정하도록 상임이사경영평가규약에 명시하고 있다.

상임이사경영평가는 경제사업부문, 신용사업부문, 지도사업부문의 평가지표를 각각 계량지표(80점)와 비계량지표(20점), 평가지표 총 29항목으로 세분해 산출한 평가지표 등급을 90점 이상 탁월(특급), 80점 이상 A급(우수), 70점 이상 B급(보통), 60점 이상 C급(미흡), 60점 미만 D급(부진)으로 구분한다.

등급이 A급 이상인 경우에는 잔여임기를 계속하도록 한다.

D급인 경우에는 특별한 사유가 없는 한 잔여임기를 못하도록 심의하며, B급·C급인 경우에는 평가지표 외 실적, 당해조합의 경영여건 등을 고려해 잔여임기의 계속 여부를 심의하도록 돼 있다.

상임이사 2년 중간 경영평가는, 책임과 역할에 상응하고 성과향상을 유도할 수 있도록 재무성과 지표 및 경영기반 확대 등의 평가에 중점을 준다는 취지이다.

사업체적 성격에서 모든 사업추진의 최종목표는 당기순이

익 창출이다.

그러나 결산 당기순이익 창출여부와는 별도로, 상임이사가 2년 중간평가를 위한 이사회 구성원과 경영평가항목 검토에 시간을 빼앗겨 조합 경영의 안정을 위한 장기적 계획을 준비하기보다는 단기적인 성과에만 매달리게 돼 임기 내내 정상적인 업무추진이 쉽지 않다.

이와 같은 이유로 2년 경영평가방식에 따른 잔여임기 연장 불안, 경영실적 부진우려 염려에 따른 신분상 불안정으로 실질적 임기가 4년이 아닌 2년으로 인식돼 내실경영이나 소신 있는 업무처리가 불가능하다는 것이다. 이것이 일선조합 상임이사의 임기 연임이 어려운 이유이다.

수협법 제142조에 중앙회장은 조합의 경영 상태를 평가해 그 결과에 따라 조합에 경영개선을 요구하거나 합병을 권고하는 등 필요한 조치를 할 수 있다.

조합장은 위 법 조항을 근거로 경영상태의 평가결과 상임이사가 소관업무의 경영실적이 부실해 그 직무를 담당하기 곤란하다고 인정될 경우 이사회의 동의를 받아 상임이사의 해임을 총회에 요구할 수 있도록 규정하고 있다.

위 법 조항에 근거해 조합은 매월 경영실태를 평가받고 있다. 상임이사 중간평가와 더불어 이중으로 신분이 불안정한 상태에 노출돼 있다.

상임이사 중간 평가방식이 개선돼야 하는 이유이다.

따라서 조합 경영의 내실화를 통한 일정규모의 당기순이익 창출 시 중간평가를 생략하고 잔여임기가 자동적으로 연장되도록 규약을 개선할 필요성이 있다고 상임이사들은 요구한다.

현행 지구별 수협 정관 제55조(업종별, 수산물가공수협 정관 제54조)에 조합원은 상임이사 결격사유에 해당되지 않아 상임이사로 선출될 수 있는 반면 상임이사는 조합원에 가입할 수 없도록 명시하고 있다.

조합원도 상임이사로 선임될 수 있다면 상임이사도 조합원에 가입할 수 있어야 형평성에 맞는다.

이와 같은 정관 조항을 악용해 경쟁자인 유력 조합원을 조합장 후보에서 배제시키기 위해 인사추천위원회에서 상임이사 후보로 추천을 하기도 한다.

그리고 선출된 조합원 출신 상임이사는 조합 경영에 열정을 쏟아내기보다는 임기만료 후 조합장선거에 출마하기 위해 임기 동안 직위를 이용한 선거운동에 신경을 쓰느라고 조합의 경영에는 매우 소홀할 수 있다는 지적이다.

상임이사제도 본연의 취지를 살려 정착시키고 조합의 경영에만 몰두하게 하려면 상임이사가 조합원이 될 수 없는 것처럼 조합원 또한 상임이사가 될 수 없도록 이를 정관에 명시해야 한다.

현행 인사추천위원회는 지구별 수협의 경우 조합장과 조합장이 추천하는 외부인사 1인 외에 비상임이사 2인, 대의원 2인, 어촌계장 1인으로 구성돼 있다. 업종별, 수산물가공수협의 경우 어촌계장 대신 대의원 1인이 추가돼 3인으로 구성된다.

문제는 조합장 선거를 전후해 도래된 상임이사 중간 경영평가나 연임과정에서, 경영능력에 특별한 하자가 없음에도 교체된다는 점이다.

이는 전문경영인인 상임이사의 직분을 유지시킬지 말지가 일종의 조합장 선거 전초전으로 인식돼 이를 염두에 둔 이사회나 총회(대의원회) 구성원들이 정치적 입김에 휘말려 부결시킨다는 것이 아니냐는 질문에 설득력을 부여하고 있다.

따라서 이러한 사태를 미연에 방지하려면 임기 동안 경영능력을 인정받아 수협중앙회에서 결격사유에 이상이 없다고 판단해 조합에 통보할 경우, 조합 총회(대의원회)의 찬반투표 절차 없이 연임이 가능하도록 법적, 제도적 장치가 보완돼야 한다.

4년 임기동안 조합을 발전시킨 공로와 능력을 인정받아 인사추천위원회에서 단독으로 추천받은 상임이사 후보가 신분보장을 받지 못한 채 연임의 문턱에서 정치적 입김의 작용에 의해 총회에서 부결되는 사태를 수수방관한다면 상임이사 제도의 취지가 퇴색돼 의미가 없게 된다.

법적, 제도적으로 보호받을 수 있는 상임이사의 신분보장

장치는 전문경영인 제도가 정착되고 조합장이나 총회 구성원들의 의중에 휘말림 없이 임기동안 연임을 꿈꾸며 소신(所信)의 기저(基底) 위에 조합의 발전을 위한 능력 발휘를 위해서 반드시 필요하다.

한편, 중앙회 상임임원의 임기는 2년으로 개정되었을 뿐만 아니라 상법 등을 감안하면 조합 상임이사 4년 임기보장문제는 논란이 되고 있다.

일선조합 상임이사 역할의 중요성은 막중하다.

상임이사의 자리가 정년이 도래된 직원 중 조합장 선거에 도움이 될 만한 직원들의 자리를 보전해 주는 위치가 될 수 없다.

또 조합장의 의중에 따라 상임이사의 신분이 좌우되거나 업무능력이나 실적과 상관없이 조합장 선거 결과에 따라 신분이 결정되는 불안한 위치로 전락돼서도 안 된다.

상임이사 선출이 조합장 선거의 전초전으로 이용되거나 조합장 선거결과를 염두에 두고 줄서기를 강요당하면 안 된다. 경영능력이 특출한 인재들의 경우 신분상 불이익을 염려해 지원을 꺼리게 되는 결과를 초래하기 때문이다.

이러한 상황을 방치하면 조합의 경영을 업그레이드 시킬 수 없는 환경을 만드는 요인으로 작용하게 된다.

조합의 경영을 책임지는 상임이사는 정치적 프레임에서 벗어나 법적 테두리 안에서 간섭받지 않는 자율과 독립성 확보가 선행돼야 한다.

그래서 안정의 토대 위에서 자신의 능력을 마음껏 발휘할 수 있는 환경이 조성될 수 있도록 법적, 제도적으로 신분이 보장돼야 한다.

이는 상임이사 제도의 도입 취지를 살리고 조합을 발전시킬 수 있는 필요충분조건이다.

상임이사 추천 및 선출절차는 1995년 6월 23일 조합장이 대상자를 추천해 이사회에서 과반수 동의를 얻어 총회에서 선출토록 했다가, 2010년 10월 13일 조합장이 이사회 동의를 받아 추천하거나 인사추천위원회에서 추천한 사람을 총회에서 선출토록 개정됐다.

위와 같이 상임이사의 자격요건이나 인사추천위원회 구성방식이 수차례 개정됐음에도 불구하고 상임이사의 추천에서 선출까지의 과정은 여전히 많은 문제점을 노출하고 있다.

상임이사 추천방식이 5~6년 주기로 변화된 이유는 추천방식이 합리적이지 못하다는 반증이다.

상임이사제도가 안정적으로 정착되기 위해서는 추천방식 및 선출과정이 정치적 입김이 아닌 조합이 처한 제반 사정을 고려하여 오로지 경영의 관점에서만 평가받고 판단하는 공정성 확보가 전제돼야 한다.

30년 전 전무제와 현행의 상임이사제의 공통점은 전문경영인에 의한 조합경영이라는 관점에서는 유사하다. 다만 당시 전무는 중앙회장이 임면했음에도 급여는 당해 조합에서 지급하는 형태여서 중앙회와 조합 이중(二重)의 눈치를 보며 근무해야 하는 구조였다.

현재 전무제도는 자산규모가 500억 원 이하인 조합에서 조합장이 임면하는 형태로 변모됐고 운영조합도 3개 조합에 불과하다. 물론 전무제 도입 초기와 같이 급여도 당해 조합에서 지급한다.

전무와 달리 상임이사는 이사회 구성원이기도 하고 인사추천위원회 추천과 총회(대의원) 과반수 동의를 받아 임명된다. 4년 임기제이고 재추천 받으면 연임도 가능하다.

그러나 전무제와 마찬가지로 상임이사제하에서도 조합장, 이사회, 총회(대의원)에서의 갈등은 여전히 존재한다.

상임이사는 추천 및 중간평가, 연임에 신경 쓰느라 조합 경영의 안정을 위해 소신 있는 업무처리나 장기적 계획을 준비하기에는 역부족이다.

신분상 불안으로 단기 성과에만 매몰돼 정상적인 업무추진을 못 하는 현실적 제약도 뒤따른다.

상임이사 변천사를 대하면서, 향후 일선조합의 후배들에게 얼마나 긍정적이고 어떻게 변화된 경영체제를 내보일 수 있을까 고민스럽다.

조합에 소속된 구성원 모두가 어업인, 조합 조직, 조합의 발전을 위해 합리적이고 진보된 미래 책임경영체제 확립을 위해 착실히 준비해 나가야 할 시점이다.

법적으로 조합의 자산이 일정 규모(농·축협은 1,500억 원, 수협은 500억 원 이상) 이상이면, 상임이사 제도를 반드시 도입해야 하고 그 이하는 임의로 도입할 수 있도록 되어 있다.

이상과 같은 조합의 상임이사인 전문경영인에 대해 다양한 의견과 설왕설래를 비롯해서 수많은 제안들이 있겠지만, 결론적으로 핵심은, 이 제도를 도입할 때의 기본적인 취지에 맞게 해야 한다는 것이다.

또 좀 더 언급을 하면, 당연히 조합의 최고경영자는 전문경영인인 대표이사이고, 이 대표이사는 현재의 내부에 있는 인사추천위원회에 의해서가 아니라, 외부의 전문기구(TF팀)를 만들어서 선발하며, 대의원 총회에서만 해임한다는 것을 골자로 하여 본질에 맞는 개정을 반드시 해야 한다.

현재의 인사추천위원회가 아닌 전문기구를 꾸려야 하는 이유는, 현재의 인사추천위원회가 치명적이라고 할 정도의 단점이 있기 때문이다. 이 단점에 대해서는 앞에서 언급을 했기 때문에 부연설명만 하겠다.

조합장은 어느 지역의 해당 업종이든지 해당 조합의 조합원 대표이지만, 경영에 대해서는 대부분 비전문가이다. 그러나 전문경영인은 어느 특정 지역이나 업종과는 무관하게 소위 전국구에 해당하는 것이므로, 오로지 경영전문가라는 것에 대해서만 평가하고 이해해야 한다.

그런데도 불구하고 지금까지 조합의 상임이사 모집에 지원을 하면, 대부분이 해당 지역사람이 아니라고 하여 안 된다고 한다. 심지어 해당 조합의 출신이 아니라고 하면서 절대로 안된다고 주장하는 것이다.

참으로 안타깝고 너무나 한심스러워 기가 막힌다. 이런 사실이 너무나 황당하기 때문에 침소봉대[16]는 아닐까 하거나 과장내지 가짜 뉴스 등으로 오해하거나 의심받아 진실이 묻힐까봐 매우 걱정스럽지만 사실이다.

이런 곳이 한두 군데 있을까 말까라고 생각을 하는 분이 계신다면, 정말로 착각이다. 필자가 직접 일일이 전화를 하거나 지원을 하여 파악한 곳만 해도 부지기수로 많다. 이것은 서류상으로나 공식적으로 표현하지는 않으나 직접 지원서류를 내고 해당 조합장을 비롯한 관계자들을 만나서 얘기를 들은 것이다.

이와 같은 불공정의 비리에 대한 실체는 전국의 수많은 조합들의 상임이사 모집과 관련한 숱한 서류 뭉치들 속에 잠들어 있다. 그리고 아직도 개인의 USB 파일에 저장되어 살아 숨쉬고 있는 내용들로써 증명을 하고 있다. 심지어 몇몇 조합은

---------

16  침소봉대(針小棒大) : 바늘만한 작은 것을 큰 몽둥이라고 말하는 것. 별것도 아닌 것을 심하게 과장하는 것이다.

한 번도 아니고 두 번 세 번에 걸쳐서 상임이사 모집을 이런 식으로 하는데, 이는 필자가 계속해서 지원을 했었기 때문에 알 수 있는 사실이다.

공교롭게도 과반수를 얻지 못해서 어쩔 수 없이 그랬다고 한다면 이해하지만, 불공정을 감추고 위장하기 위해 그렇게 하는 경우가 있다는 것은 너무나 황당하고 개탄스럽다.

처음에는 "우리는 경영상의 어려움을 극복해야 하기 때문에 당신과 같은 훌륭한 인재를 꼭 필요로 한다. 그러니 꼭 지원해서 같이 일을 해 보자."는 말을 하며 정중한 태도로 환대를 하고 때문에 믿고 지원을 한다.

비로소 제대로 일을 해볼 만한 조합을 발견했다고 판단하여 미리 해당 조합에 대해 많은 자료를 찾아보고 시간이 되면 직접 다시 찾아가 보기도 했다. 제대로 된 전문경영인이 일을 하면 정말로 엄청나게 다르다는 것을 한번 보여 주고 싶었기 때문이다.

그러나 그렇게 한 조합들까지도 최종적인 결정은 결국 해당 조합출신 내지 지역 사람을 선발한다. 그 기간도 길어 봐야 15일 정도, 아주 빠른 경우는 3일 만에 결정되는 경우도 봤다. 또 어떤 곳은 예상과 전혀 다르게 재공고를 하기도 했다. 그것도 여러 차례 하는 경우도 있었다.

더 황당한 경우도 있었다. 정말 산골짜기 시골 오지의 조합이었다. 내비게이션으로 찍어 보니 편도 3시간 정도니까 왕복 6시간이고 접수하는 시간과 식사시간 등을 감안하면 8시간은 족히 걸릴 것 같았기에 동반자까지 동반하여, 갈 때는 나름대로 좀 빠르게 달려서 해당 조합에 도착하였다.

그런데 그날이 마침 평일이 아니고 공휴일이었다. 사무실에 사람은 소수만 있었는데 조합장과 선관위원 1명까지 대기하고 있었으며 지원서를 접수하려고 왔다고 하니, 반갑게 맞이하면서 조합장이라고 본인을 소개한 분이 직접 조합장실로 안내를 하였다.

그리고 차 한 잔을 건네면서 어디서 왔느냐고 묻고는 바로 직격탄으로 "우리는 방금 전에 상임이사를 선택했다."는 황당한 말을 하는 것이다.

너무나도 어이가 없어서 한동안 할 말을 잃고 멍하니 바라보고만 있으니까, 미안하다는 말을 하면서 "너무나 멀리 온 분께 실례가 되겠지만, 솔직하게 얘기를 하는 것이 좋겠다 싶어서 배려하는 마음으로 말을 한다."고 했다.

참나 원, 세상에 이런 일이! 이런 경우에는 어떤 말로 표현을 해야 좋을지 모르겠다. 해도 해도 너무하다는 표현이 맞는 것 아닌가 싶다. 그 외의 다른 어떤 표현으로 하면 더 좋은지 모르겠다. 정말 필자만 이런 황당한 경우를 당했을 것이라고는 생각하지 않는다.

어떻게 상임이사제를 도입할 정도의 규모가 있는 조합이고 또 이런 조합의 조합장이면서 생전 처음 보는 사람 그것도 정말로 먼 거리를 그렇게 오직 지원서를 접수하기 위해서 달려간 사람에게 배려한다는 차원에서 한 말이라고 한 것이 바로 그 말이고, 또 그렇게 서류접수 기간도 끝나기 전에 결정을 한다는 그 망동에 경악을 금할 수가 없었다.

만약에 동승자가 없었다면 어떻게 됐을까, 지금 생각해도 섬뜩하다.


비근한 예를 들어서 자동차의 운전을 위해 운전에 대한 전문가, 소위 기사라고 하는 사람 등 어떤 직위를 모집해서 선발한다고 하더라도 이런 처신을 한다면 정말로 큰일이 날 수 있는 사안이다. 법적으로도 상당히 문제가 되는 것인데도, 아무런 문제가 없는 것처럼 당당했다.

그레도 디 지니갔다. 뭐니 뭐니 해도 가징 중요한 것은, 전문경영인은 우선적으로 자격이 있어야 한다. 그것도 반드시 경영에 대한 전문적인 자격, 객관적으로 증명이 가능한 자격이 필요하다.

그런데도 불구하고 조합의 전문경영인이라고 하는 사람들은, 자격이 없는 사람들이 대부분이다. 지금 당장이라도 확인을 좀 해 보시기 바란다. 확인하는 것은 아주 간단하고 쉽다. 이력서 한 장이면 충분하다.

이력서에 최소한 경영을 공부한 이력이 있는지 경영과 관련한 자격증이 있는지를 확인해 보면 된다. 이것 하나만 가지고도 해당이 안 되는 조합의 전문경영인들이 부지기수로 상당히 많다고 장담을 한다.

또 여기에 전문이라는 글자를 넣을 수 있기 위해서는 이것만 가지고는 정말 많이 부족하다. 경영을 해 본 실질적인 경험과 경력이 매우 중요하기 때문이다. 당연히 경험이 많으면 많을수록 좋은 것이다.

그리고 경험을 통한 경력에 있어서 경영의 성과와 노하우에 의한 역량을 가지고 있느냐 없느냐와 그 역량의 수준이 어느 정도냐가 또 대단히 중요하다. 그렇다고 해서 이것이 다가 아니고 이보다도 훨씬 더 많은 것이 요구되고 지속적으로 필요로 하는 것이 전문경영인이다.


## (2) 조합의 전문경영인 명칭

현재 책임경영제의 궁극적인 목적을 위해서는 전문경영인인 상임이사(常任理事)를 두고 조합장은 비상임으로 두어야 한다. 상임이사의 모집공고에도 "경영의 전문화와 대농업인 지원역량 확충 및 실익증진을 도모하고자 탁월한 경영능력을 갖춘 전문경영인을 모집합니다."라고 하는 좋은 문구는 들어있다. 그런데 현재의 상임이사를 전문경영인(專門經營人)[17]이라고

---

17 기업의 소유자가 아닌 사람이 경영 관리에 관한 전문적 기능의 행사를 기대 받아

표현은 하는데, 실질적인 업무나 권한과 책임 등은 형식적이기 때문에 문제다.

현재 조합의 '상임이사'는, 원래 일반 기업의 '대표이사(최고경영자)로 근무하는 전문경영인'에 해당하는 일을 수행하는 것을 목적으로 두었다. 그렇지만 아직도 이 제도를 도입하기 전, '조합장이 최고경영자인 제도'시절에 머무는 조합에서는 상임이사가 '전무' 내지 심지어 전무 밑의 직위인 '상무'의 역할을 하는 조합이 꽤 있다.

이러한 문제를 비롯해서 조합의 '상임이사'라는 명칭 자체는 현실적으로 조합의 책임경영제에 대한 취지나 목적을 제대로 반영하지 못한 직명이다. 내방하는 고객이나 주변의 사람들에게 '상임이사'라는 직명이 적힌 명함을 주면서 인사를 하면, 다들 일반적으로 회사의 전무이사 밑에 있는 상임이사로 이해를 한다. 그래서 할 수만 있다면 당장이라도, 우리 사회의 일반적

---

경영자의 지위에 있는 사람이다. 경영규모가 확대되고 주식분산이 고도화됨에 따라 관리기구가 방대해져 복잡해져 경영의 전문적 지식이 필요하게 되어 소유자는 고용경영자에게 경영을 맡기게 되었다. 고용경영자는 결국 고용사장, 고용임원으로 봉급생활자이다. 고용경영자의 기용에 따라 소유자의 직접 관리는 간접관리로 전환되고 소유자는 경영면에서 후퇴했다. 전문경영자는 출자자의 이해를 무시한 채 경영상의 결정을 하지는 않으나 출자자의 지배를 받지 않는다. 이와 같은 전문경영자의 출현으로 회사의 소유자지배는 경영자지배가 된다. 이것을 자본과 경영의 분리, 자본과 경영관리의 분리라고 한다.

이고 통념적이며 합리적인 명칭을 고려하여, 즉시 바꾸는 것이 좋겠다.

이와 관련해서는 다음 장에서 다시 한번 더 언급을 하겠지만 이러한 내용을 만나는 사람들에게, 특히 처음 보는 사람들에게 일일이 설명을 하지 않을 수도 없고, 그렇다고 하나하나 설명을 해야 하는데, 이것 자체가 우스꽝스러운 일이고 불필요한 시간 낭비가 된다.

그래서 조합의 상임이사라는 명칭부터, 우리가 벤치마킹을 한 기업들과 똑같이, 당장에 "대표이사로 바꿔라."고 강력하게 주장을 하는 바이다.

어떤 명칭이나 상호가 얼마나 중요한지에 대해서는 우리 모두 알고 있다. 우리가 이름을 지을 때 얼마나 여러 가지 함축된 의미를 따지며 신중하게 고려를 하는가? 회사나 제품에 대한 브랜드 효과는 얼마나 큰지 등을 고려하지 않는가? 군이 설명을 하지 않아도 너무나도 충분히 잘 알 것이고 이해를 할 수 있다.

아무튼 현재의 '조합 상임이사'라는 직명은 조합의 경영을 책임지는 책임경영제를 위한 명칭으로는 뭔가 어색하고 많이 부족한 것임에는 틀림이 없다. 더욱이 최고 전문경영인 직위에 맞지 않는 표현이라고 판단하기 때문에, 여기에 합당하고 걸맞는 명칭으로 바꾸는 것이 좋다.

# 제6장

# 조합의
# 전문경영인

영리를 목적으로 하는 기업의 제도를 비영리법인인 조합에 도입한 취지가 일단은 어려운 경영환경을 헤쳐 나가고 조합이 살아남기 위한 자구책의 연장선이라는 점을 감안할 때, 더욱 실질적인 내용에 충실해야 하지만, 형식적으로 흉내만 내다보니 앞장에서와 같은 온갖 비리와 폐단의 온상이 되었다.

　먼저 전문가라고 할 때, 단순히 어떤 분야에 얼마나 오랫동안 근무를 했다거나 어떤 일을 기계처럼 빠르게 잘할 수 있다는 이유만으로 전문가라고 하지는 않는다. 또 컴퓨터처럼 아주 정확하게 잘할 수 있다. 이런 것으로 구분 지을 수 있는 것도 아니다. 이런 사람은 특정한 일의 달인이라고 하지, 전문가라고 할 수는 없다.

　달인이 되는 것도 매우 어렵지만, 어떤 분야의 전문가가 되는 것은 더욱 어렵고 매우 중요하다. 전문가가 되는 방법이 여러 가지가 있으나 법적으로 어떤 정확한 기준이 없기 때문에 객관적으로 판단하기가 쉽지는 않다.

그러나 최소한 기본적이고 일반적인 판단의 근거인 하한선은 있다.

쉽게 말해서 달인은 어떤 분야의 이론과는 관계없이 실기만 아주 잘하는 사람이라고 한다면, 전문가는 이론을 바탕으로 실기까지 연마한 사람이다.

그래서 그 일의 원리를 이해해서 기초가 튼튼하기 때문에 실기는 물론이고 어떤 일을 하면서 노하우를 터득할 수도 있으며 다른 사람을 지도할 수도 있다.

군이 어떤 일의 전문가가 되기 위한 것이 아니라도, 기본적으로 일을 잘 배우기 위해서는 "독학으로 혼자 배우는 것보다는 잘 아는 사람이나 잘하는 사람에게 배우는 것이 훨씬 더 쉽고 빠르다."는 말이 있다.

그리고 무엇이든지 잘하기 위해서는 일단 "기초부터 잘 배워야 하고, 또 배우기만 한 것보다는 그 일을 직접 해 보는 것이 더 나으며, 이것보다 가장 좋은 것은 남에게 가르쳐 보는 것."이라는 얘기가 있다.

배우거나 직접 해보는 것과 가르치는 것도 다양한 방법이 있는데, 세계적인 학자들이 체계적으로 잘 정리한 학문(의식적 연습방법, 심적표상 등)이나 학설(소크라테스의 메타 생각 또는 메타 인지 등)을 통해서 실천하는 것도 그중 하나다.

대체적으로 '1만 시간의 법칙(『1만 시간의 법칙』에 나온 10년간 한 분야에 몰두하면 그 분야의 달인이 된다는 법칙)' 수행하기, 한 분야의 책 1백 권 읽기, 학위 취득, 자격증 취득, 논문 발표, 전문학회 참여, 전문분야 강의, 전문서적 저술, 전문가 양성 등의 다양한 방법이 있다.

그러나 조합의 중간 관리자나 책임자, 특히 전문경영인이 되려고 하는 사람은, 일반적인 전문가가 되기 위해서 하는, 한 분야의 책 1백 권을 읽기, 학위취득, 자격증 취득 등 이것만으로는 부족하다.

앞에서 나열한 모든 것을 하나하나씩 계획하고 실행할 것이며 차근차근하게 지속적인 노력을 하고 매우 열정적으로 공부하며 성직자들처럼 매일을 기도와 성찰의 시간으로 보내야 한다.

그리고 청렴과 덕망을 갖추기 위해서 고도의 윤리수준까지 요구받고 있는 직종이 바로 전문경영인이다. 매우 힘들고도 외로운 길을 각오해야만 하는 것이 바로 전문경영인의 길인 것이다.

전문경영인의 자질과 역량은 효율적인 전문경영인과 비효율적인 전문경영인으로 구별할 수 있고, 전문경영인 개인의 자질과 역량에 따라서 그 조합의 직장분위기나 직원들의 직장 만족도는 물론 경영성과에 있어서 확연한 차이가 나기도 한다.

그렇기 때문에, 조합의 전문경영인은 조합의 경영에 걸맞는 새로운 형태의 리더십인 변혁적 리더십이 필요하다.

조합의 전문경영인이 되기 전에도 경력과 쌓아온 덕망, 그리고 경영 마인드를 충분히 갖추고 조직에 대한 기본을 이해하고 있는 능력자들이 많을 것이다.

하지만 조합의 전문경영인이 된 이후에는 이러한 요소보다도 한 차원 더 높은, '조합'이라는 특수성에 대하여 또 새로운 사고와 판단을 해야 한다.

물론 전문경영인이 되기 전의 긍정적 자질과 역량이라고 할 수 있는(성실성, 근면성, 창의력) 요소는 계속해서 필요하고 도움이 될 수 있다.


전문경영인이 된 후에는 이와 같이 전문경영인이 되기 위해 요구되었딘 자질과 역량도 반드시 유지돼야 한다. 그러나 사적인 사항보다는 조직의 전체적인 성과를 책임지는 사람으로서의 자질과 역량이 무엇보다도 중요시 된다. 또한 이러한 역량을 지속적으로 계발할 것을 요구한다.

따라서 좋은 조직을 만드는 훌륭한 컨트롤타워로서 전문경영인의 역량이 필요하다. 그러나 실제로는 개인적인 차원에서의 자질과 역량에 안주할 뿐, 한 차원 더 높은 자질과 역량에는 관심을 가지지 않거나 지속적으로 계발을 하지 않는 이들이 많다.

전문경영인으로서의 기본적인 역량이 지속되는 것은 물론

이고, 재충전되어 변혁적 리더십이 발휘될 때 전문경영인으로서의 가치가 있는 것이지, 그렇지 못하면 전문경영인의 자리에서 반드시 내려와야 마땅하다.

그럼에도 불구하고 많은 전문경영인들은 경영자라는 자리를 마치 신분을 보장하는 신분계급의 자격(조선시대의 양반)처럼 생각만 하고, 아무런 재충전이 없이 영원한 경영자로서 단맛만을 즐기려는 경향이 있다.

그러나 이제 조합의 경영자는 협동조합의 이념, 다양한 생산기술, 경영기술, 정보, 유통 등은 물론이고, 철학과 심리학과 같은 다양한 분야에서 전문적인 지식과 기술을 더 많이 쌓아 여러 분야의 전문가까지 되어야 해당 지역을 선도해서 역량 있는 조직으로 키워 나갈 수 있다.

그리고 전문적인 역량과 함께 해당 지역사회에 헌신적인 봉사를 통해서 미래의 조합을 창조하고, 보다 나은 농어민의 삶을 위하여 농어촌을 새롭게 창조해 내는 변혁적 리더가 되어야 한다[18]는 것이다.

그래서 다음과 같은 전문경영인으로서의 자질과 역량을 함양하는 데 도움이 되는 형태를 제대로 잘 살펴보고, 조합 전문경영인으로서의 이상적인 모습을 지니도록 부단히 노력하여야 한다.

-----------

18  축협 중앙회, 조합의 내일을 향한, 새로운 도전과 창조, 삼성인쇄, 1993, p115

# (1) 엄부형(嚴父型)의 자질과 역량

**[ 엄부형의 전문경영인 ]**

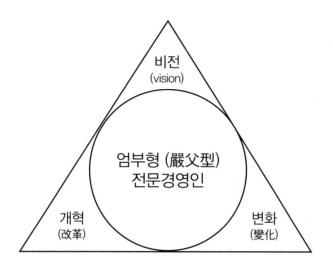

일반적으로 전문경영인이라고 하면 당연히 아버지 또는 보스라는 단어가 떠오른다. 과거에 조직을 움직이는 방법은 명령과 통제로 특징지어졌기 때문이다.

당연히 조합이라는 조직에서도 강력한 업무의 추진력을 갖춘 자질과 역량이 요구되며, 이는 피라미드형의 모습을 지녀야 한다.

다시 말해서 조직에는 믿고 따를 만한 아버지와 같은 전문경영인이 있어야 하며, 이는 시대의 흐름에 관계없이 변하지 않는다. 조합에서도 이렇게 믿고 따를 수 있는 전문경영인(嚴父)의 자질과 역량이 필요하다.

## (2) 자모형(慈母型)의 자질과 역량

**[ 자모형의 전문경영인 ]**

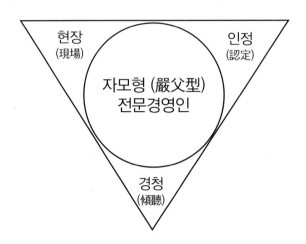

또한 조합과 같은 조직에서는 내·외부의 고객에게 만족을 넘어 감동을 줄 수 있는 역(逆) 피라미드의 모습도 이루어야 한다.

즉 조합원과 일반고객을 영접하는 것이 주 업무인 현장의 직원이 많은 권한을 부여받아 소신껏 일할 수 있어야 한다. 관리자나 전문경영인은 조합의 임직원들이 열심히 일할 수 있도록 전반적인 분위기를 조성하는 데 모든 후원을 아끼지 않아야 한다는 뜻이다.

특히, "고객을 만족시키기 위해서는 우선 종업원들부터 만족시켜라"라는 말처럼, 내부 고객을 우선하지 않고는 외부고객을 만족시킬 수 없다. 이러한 전제에서 출발하는 PPF 프로그램은 내부 종업원의 자긍심을 높이고 원만한 인간관계를 구

축하는 데 중점을 두고 있다.[19]

조합의 임직원들을 적절히 동기부여 시킬 수 있는 전문경영인으로서의 자질과 역량을 가지고 있어야 한다. 조합의 전문경영인이 가장 관심을 가지고 실천해야 할 덕목이라는 것이다.

## (3) 엄부자모형 또는 개혁추구형(改革追求型)의 자질과 역량

[ 엄부자모형(개혁추구형)의 전문경영인 ]

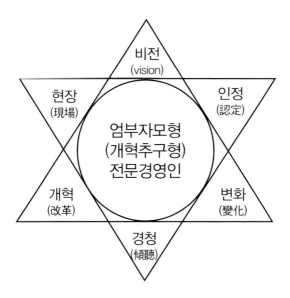

19  축산업협동조합중앙회, 고객 만족 경영 마음먹기에 달렸다, 대한인쇄, 1999, p102

조합의 전문경영인들은 시기적으로 어려운 조합의 위기 등 과도기적 상황과 글로벌화의 물결로 인한 변화에 대처하기 위해서, 개인적인 변화와 함께, 조합이 나아갈 방향과 속도를 결정하는 막중한 임무와 책임을 통찰하여, 조합을 탁월하게 변화시킬 줄 아는 사람이라야 한다.

이는 개혁추구형 경영자(Transformational Leader)에게 반드시 절실하게 요구된다. 조합의 개혁을 추구하는 전문경영인이라면 가슴에 항상 별 모양의 배지를 달고 살아야 한다. 그리고 별의 색깔을 수시로 관철해서 퇴색하거나 바래지 않도록 각별히 유념해야 한다.


전문경영인은 자기 가슴의 별이 어느새 빨간색으로 바꿔지지는 않았는지 수시로 점검하며 반성하고 자기계발을 철저히 해야 한다. 그리하여 전문경영인의 가슴에는 항상 파란별이 빛나도록 노력해야 한다.

'고양이 목에 방울 달기'라는 말이 있듯이 누가 감히 공식적으로 리더를 평가하겠는가. 오직 전문경영인 스스로 평가할 수밖에 없다. 권위주위에 물든 전문경영인이 있는 조합은 결코 변화할 수 없다.

다시 말해서 하드하기보다 소프트한 차원에서의 자질과 역량이 요구된다고 볼 수 있다. 소프트한 차원에서의 자질과 역량이란, 한마디로 엄부자모형(嚴父慈母型)의 개혁추구형 전문경영인을 의미한다.

국가 경쟁력의 원천이 군사력에서 경제력을 거쳐, 이제는 정보력으로 이동하여 왔다는 설이 널리 공감을 받고 있다.

이런 시대의 흐름은 전문경영인의 조건에도 적용된다. 과거의 전문경영인은 덩치가 크고 힘이 세거나, 재산이 많은 사람들이었다.

그러나 이 시대의 전문경영인에게는 다음과 같은 측면이 요구된다.

## 경영자와 관리자의 차이점

| 경영자(Leader) | 관리자 (Manager) |
|---|---|
| ○ Output을 만들어 간다. | ○ Input을 쫓아다닌다. |
| ○ 팀의 제품에 초점을 맞춘다. | ○ 개인의 직무에 초점을 맞춘다. |
| ○ 새로운 아이디어 제안을 장려한다. | ○ 낡은 관행을 강요한다. |
| ○ 올바른 업무를 하도록 장려한다. | ○ 잘못된 업무를 감시한다. |
| ○ 심한 경쟁에 맞서 분투한다. | ○ 경쟁에 대해 언급하지 않는다. |
| ○ 상대와 비교를 중요시한다. | ○ 비교를 필요로 하는 경우가 적다. |
| ○ 시원한 참여 방안을 고안한다. | ○ 직원의 품고위 제도를 고안한다. |
| ○ 부하들에게 결정의 권한을 위임한다. | ○ 결정과정을 엄격하게 통제한다. |
| ○ 사기진작과 주도적 태도를 장려한다. | ○ 사기를 저하하 수동적으로 만든다. |
| ○ 직원의 자발성과 창의성을 발휘시킨다. | ○ 순종과 행동 통일을 조장한다. |
| ○ 조직의 특성과 문화를 만든다. | ○ 조직의 문화는 중요하지 않다. |

### 첫째, 비전을 명확히 제시하라

조합의 조직이 지향해야 할 바를 명확히 제시하는 것은 매우 중요하다. 모든 직원들의 행동에 기준을 제시하기 때문이다. 모든 행동을 규칙만으로 통제할 수 없다는 현실적인 제약을 감안하면, 명확한 비전이 갖는 의미는 보다 분명해진다.

### 둘째, 개혁적인 목표를 추구하라

전문경영인은 완벽을 추구해야 한다. 적당한 수준에서 타협하면 아무 것도 얻을 수 없다. 이것은 균형감각을 가져야 된다는 말과 상치되는 개념은 아니고 올바르게 설정된 방향에 대해서는 타협하지 말라는 뜻이다.

### 셋째, 끊임없이 변화를 촉진하라

작은 성공에 안주하려는 전문경영인은 이미 실패에 한 발을 내딛은 것과 같다. 구르는 돌에는 이끼가 끼지 않듯이, 끊임없이 변화하는 것만이 성공을 보장한다.

최근에 학습조직의 중요성이 대두되는 것도 같은 맥락에서 이해해야 한다. 초일류기업들의 특징은 항상 배우는 습관을 키우고 있으며, 특히 전문경영인이 이를 주도하고 있다.

변화를 촉진하는 방법으로 벤치마킹이 널리 확산되는 것이, 변화의 중요성을 증명하고 있는 것이다. 모든 조직에는 변화를 거부하는 세력이 있게 마련이나, 전문경영인은 변화에 대한 저항을 설득력으로 극복해야 한다.

### 넷째, 현장경영(MBWA : Management by Wandering Around)을 실천하라

모든 문제의 해답이 현장에 있다는 말은 더 이상 새삼스러운 말이 아니다. 그럼에도 현장경영을 실천하는 전문경영인은 찾아보기 어렵다.

조합장은 간부직원들을 불러서 보고를 받는 것이 습관화되어 있다.

---

### MBWA의 10가지 원칙

① 경청하라.
② 메모 후 피드백하라.
③ 명령계통을 통해 개선하라.
④ 정보 제공자를 보호하라.
⑤ 인내심을 가져라.
⑥ 소프트하게 이야기하고 하드하게 챙겨라.
⑦ 혼자서 방문하라(수행원도 없이 반드시).
⑧ 현장에서 직접 체험하라.
⑨ 현장관리를 저해하는 언행에 주의하라.
⑩ 직접 알아보지 않고는 알 수 없는 질문을 계속하라.

---

**다섯째, 부하를 전문경영인으로 육성하라**

전문경영인은 대부분 탁월한 능력을 갖고 있다. 그렇지 않았다면 전문경영인이 되지 못했다.

이런 탓에 전문경영인은 자신의 능력만을 믿는 경향이 있다. 모든 일을 처음부터 끝까지 자기 책임하에 수행하려고 한다.

이 경우, 부하는 단지 단순 업무만을 처리하는 조수로서 존재하게 된다.

그러나 탁월한 전문경영인은 부하를 또 다른 전문경영인으로 키운다.

즉 '리더의 역량'을 발휘하여 이끌어 준다.

**여섯째, 부하의 말을 경청하라**

흔히 '입은 한 개이고 귀는 두 개인 이유'를 들먹이며, 지혜를 강조하는 경우가 많다. 참으로 옳은 말이다. 그러나 말하기보다 듣기를 좋아하는 전문경영인을 만나기란 하늘의 별을 따는 것과 같다.

물론 전문경영인은 설득력 있게 말을 할 줄도 알아야 한다. 또한 말을 하지 않으면 안 되는 경우가 많다는 것도 누구나 알고 있다. 그러나 듣지 않고 뱉기만 하는 말은 대화가 아닌 잔소리일 뿐이며, 이런 일방적인 잔소리를 듣는 부하는 그저 흘려보내기만 한다는 것을 알아야 한다.

전문경영인이 주도하는 회의에 참석한 사람들이 수첩에 낙서를 해 가며 시간을 때우는 것이 바로 전형적인 증거이다. 이처럼 듣는다는 것은 많은 인내를 요구하지만 이를 피해서는 안 된다. 오히려 적극적으로 듣는 것은 전문경영인을 키우는 또 다른 길이기도 하다.

**일곱째, 투철한 봉사정신과 자기희생정신을 가진다**

조합은 임원들에게 투철한 봉사정신과 자기희생을 요구하고 있다.

상임이사를 제외한 모든 임원들은 비상근, 무보수, 명예직을 원칙으로 하고 있다. 특히 조합장은 협동조합의 지도자요, 전문경영인이며 교육자가 되어야지 결코 직업인이 되어서는 안 된다.

조합의 조합장 중에서도 조합장의 봉사와 희생정신이 밑거름이 되어 조합이 크게 성공한 예를 종종 볼 수 있다. 봉사와 자기희생은 현실적으로 많은 어려움과 고통이 따름으로 조합의 지도자는 성직자적 기질과 숭고한 철학을 지녀야 한다.

만약, 조합장이 자신의 직을 기관의 장(長) 정도로 잘못 인식하여, 권위주의에 빠지거나 생계의 수단 또는 정치활동의 발판으로 삼는 등 협동조합의 이념을 벗어난 행동을 한다면 협동조합의 발전은 요원해진다.[20]

## (4) 조합 전문경영인의 역할과 자세

어떤 조직에서나 그 조직은 당해 조직의 전문경영인에게 일정한 역할을 요구하기 마련이다. 조직 내의 역할을 기능, 임

------------

20  축협종합개발원, 초임 조합장 반 교재, 1998, P 130.

무, 일, 과업, 직무 등의 용어로 사용하기도 하며, 일반적으로 역할(role)이란 특정한 지위를 갖고 있는 사람에게 기대되는 행동을 의미한다.

어느 한 사람이 점유하고 있는 지위는 고정되어 있으나 그 지위에 부과되어 있는 역할을 수행하는 방법에는 어느 정도의 융통성이 있으며, 하나의 지위에 하나의 역할만이 있는 것은 아니다.

따라서 하나의 지위에 기대되는 여러 가지의 역할들이 있게 마련이다.[21]


물론 조합에 있어서도 전문경영인에게 다양한 형태의 역할을 당해 조합의 규정 내에서 명시적으로 또는 일반적인 사회 통념상의 묵시적인 형태로 요구하고 있다.

현재까지는 조합에서 최고 전문경영인은 조합원이 직접 선거에 의해서 선출하는 조합장이다.

하지만 실질적인 조합의 경영에 직접적으로 관여하면서, 조합의 경영에 관한한 책임과 의무를 가지고 최선을 다해야 하는 사람은, 전문경영인인 대표이사가 되어야 한다.

물론 상임이사 제도를 도입하지 않고 전무를 두어 운용하는 조합에서 대표이사 역할을 하는 것은 당연히 전무이고 또 상

----------
21  석상우, 리더십 유형이 조직성과에 미치는 영향에 관한 실증연구, 경북대 경영대학원 석사논문, 1999, p 31.

무만 운용하는 조합도 마찬가지로 상무가 이 역을 하게 되는데, 이들은 조합의 성장과 발전에 대해서 책임과 소임을 가지고 최선을 다하고 있는 전문경영인으로서, 이들의 역할은 대단히 중요하다. 그렇기 때문에 조합의 경영성과와 발전에도 지대한 영향을 미치고 있는 것이다.[22]

조합의 조합장은 조합법에서 정한 일정규모 이상의 농사나 가축을 사육하는 양축가들로서, 농수축산분야의 전문가 내지는 순수한 전업 농어민이지, 조합과 같은 조직을 경영하는 데 대한 전문적인 지식이나 경험이 적거나 아예 가지고 있지 않은 사람들이 대부분이다.

일부 조합장들은 조합의 최고경영자로서 조합을 경영하기에는 다소 불리하거나 비효율적인 측면들을 가지고 있을 뿐 아니라, 조합상이라면 다음 번 선거를 의식하지 않을 수 없는 처지이다.

그래서 재임기간 중 치적을 남길 만한 사업에 집착하다 보니 그 결과로 무리한 고정투자를 하여 내부자금의 유동성 문제로 만성적인 적자[23] 요인을 증폭시키는 등, 조합원들을 의식하여 생색 내기식 사업이나 선심 쓰는 일을 하기 위해 힘을 들이기도 한다.

------------

22  축산종합연수원, 축산업협동조합론 조합문화창달운동, (서울 : 1993), pp 163~168.

23  축협종합계발원, 초임 조합장 반 교재, 1998, p 134.

물론, 전문경영자라고 할 수 있는 상임이사나 전무를 운용하여 이를 보완하고는 있지만 일부 조합장에 있어서는 권한의 위임에 해당하는 전결규정마저 무시되고 있는 것이 현실이다.

조직의 경영은 최고경영자의 경영마인드에 의해 좌우되기 때문에 현재 실질적으로 최고경영자의 역할을 하고 있는 조합장은 전문경영인인 현재의 상임이사에게 경영에 관한 권한의 위임을 제대로 하여야 한다.

전문경영인은 경영에 관한 전문적인 지식함양을 하여 핵심역량과 경쟁력을 갖추어서 활력이 넘치고 생산적인 조합으로써 경영성과를 높일 수 있도록 하여야 한다.


어려운 시기일수록 이러한 사안이 민감하게 작용하고, 특히 이것이 최고경영자의 역할이나 역량에 따라서 그 조합 조직의 존폐와도 직결될 수 있는 문제임을 감안할 때, 최고경영자는 솔선수범하여 경영개혁을 하는 데 최선의 노력을 다해야 한다. 경영은 최고경영자가 하는 것이기 때문에, 경영의 개혁도 분명히 최고경영자가 주도하여야 한다. 현재의 최고경영자인 조합장은, 전문경영인인 현재의 상임이사(곧 대표이사)에게 최고경영자의 자리(권한)를 주고, 비전문가인 자신은 조합원의 대표(자본의 소유자)만 되어야 한다.


최고경영자가 주도하는 개혁이 아닌 실무자 층의 열성적인 노력은, 제 아무리 개혁적이고 훌륭한 내용의 것이라도, 경영자 층의 생각에 반하는 경우 반영되지 않는다.

경영개혁은 기득권의 포기와 자기희생이 선행되지 않고서는 도저히 성공할 수가 없다. 조직에 있어서 가장 큰 영향을 끼치는, 힘 있는 경영자 층이 행동의 변화를 주도하여야 한다.

보다 더 완전하게 경영개혁을 성공시키기 위해서는, 그 조직의 전 구성원이 가져야 할 가장 중요한 전제조건으로서 "내가 가장 먼저 변하지 않고서는, 변할 수 있는 것이 아무것도 없다."는 것을 인식해야 한다.

그래서 결국, 조합도 경영개혁의 성과를 나타내기 위해서는 경영자 층의 변화와 동시에, 전 조합직원들의 변화가 있어야 한다.

또, 조합이 변화하는 환경에 위기를 느끼고 개혁하는 과정에서, 전 구성원들의 동참을 유도하고 상소하기 위해서는 '나비효과'라고 하는 현상에 주목하면, 의외로 많은 사람들이 의식의 변화를 일으킬 수 있다.

이 '나비효과(나비效果, Butterfly Effect)'는 초기의 조건에 대단히 민감하게 반응하는 자연현상으로서, '나비의 날갯짓'에 비유되기도 한다.[24]

북경의 나비가 날갯짓을 하면 그 작은 파동이 나중에는 북

------------

24  축협중앙회, 고객 만족경영 마음먹기 달렸다, 대한인쇄, 1999, p 25.

캐롤라이나의 허리케인에 영향을 준다는 기상학자 에드워드 로렌조의 이론인데, 처음의 미세한 움직임이 나중에는 엄청난 결과로 나타남을 뜻한다.

"내가 먼저 솔선수범하여 변화하면, 내 동료가 변하고, 내 동료가 변하면 단위조합이 변하고, 단위조합이 변하면 전체 조합이 변한다."라고 하는 원리를 이용하는 것이다.[25]

궁극적으로 최고 경영자 층에서부터 일반직원에 이르기까지, 전 구성원이 일사분란하게 개혁의 톱니바퀴 역할을 다한다면, 솔선수범은 다른 사람들의 일이 아니라, 바로 내 일이라는 신념과 인식을 가지게 된다.[26] 이러한 신념과 인식이야말로 조합을 개혁하는 힘의 큰 견인차가 된다.


조합의 경영자에게는 기본적으로 다음과 같은 덕목[27]이 필요하다.

### 첫째, 자율정신이다.

우리 조합이 놓인 시대적 상황을 바르게 인식하고 조직의 목표와 자신의 삶을 자율적으로 추구하여 가야 한다는 것으로, 자율정신에 바탕을 두고 소신 있게 자신의 인생을 살고 조직의 업무를 추진하며, 그 결과를 기꺼이 감수하여야 한다.

------------

25  Stephen R. Cover, The 7 Habits of Highly Effective People, (서울 : 김영사, 1994).

26  축협중앙회 기획조정실, 개혁의 함정과 성공조건, 조합중앙회, 1999, p 16.

27  축협중앙회 축산종합연수원, 중견직원반 교재( I ), 1991, p 13 ~ 14.

민주화와 더불어 앞으로는 더욱더 소신과 책임정신이 몸에 배야 한다. 또한 자율정신은 자성하는 태도와 다른 사람에 대한 격의 없는 존중과 신뢰가 전제되어야 그 진가를 발휘하게 된다.

**둘째, 도전과 창의정신이다.**

민주화와 더불어 협동조합에 대한 정책의 보호막이나 장애막이 하나둘 벗겨지고 있다. 일반 기업과의 치열한 경쟁, 냉혹한 국제경쟁 질서 속에서 살아남고 우뚝한 존재가 되기 위해서는 맡은 부문에서 제 1인자가 되어야 한다.

그러면 따라서 조합의 조직도 자연히 인류조직이 된다. 도전과 창의정신으로 무장된 조합인으로서의 자부심과 자긍심을 늘 지녀야 한다.

특히, 젊은 층의 직원들은 폭풍을 피하지 말고, 개인을 위해서나 소합의 소식을 위해서 폭풍과 맞서서 도전하는 정신이 요구됨을 기억해야 한다.

**셋째, 존중과 신뢰, 협동정신이다.**

조합 조직의 발전이 곧 자신의 발전임을 깊이 인식하고, 상부상조하는 협동정신을 뿌리내려 가야 한다. 그러기 위해서는 서로가 존중하고 신뢰하여, 조합이 잘되지 않으면 자기 자신도 행복을 누릴 수 없다는 연대의식을 고취하여야 한다.

협동조합은 그 어느 조직보다도 상하, 선후배, 동료 간에 존중과 신뢰의 정신이 충만하여야 하고, 높은 자긍심으로 이를 잘 키워 나가는 것이 요구되는 곳이다.

존중과 신뢰 속에서 예절이 우러나오고 일할 맛도 생겨나서 신나는 직장이 된다. 그래서 거듭 강조하지만, 참다운 협동정신이 뿌리내리게 하기 위해서는 이러한 덕망을 기본적으로 가지고 있는 조합의 경영자가 많아야 한다.

조합인이라면 누구나 이러한 직장풍토의 조성과 문화의 계승을 위해서 끊임없는 노력을 하여야 한다.

### ① 조합장

가. 조합의 대표자로서 조합원과 임직원의 실천적, 정신적 구심점이라는 긍지와 확고한 신념을 가지고 있어야 한다.

그리고 조합장의 책임하에 전체적인 경영을 살피되 내부의 일상 업무는 간부직원이 관리하게 하고 '조합은 내가 우리가 되는 것이고, 우리는 하나로 자리 잡은 삶의 터전'임을 조합원과 임직원에게 심어 가는 정신경영, 지도경영, 자치경영에 전력을 다하여야 한다.

나. 조합장을 포함한 임직원이 협동조합 운동에 다 함께 참여하고 있다는 동반자적인 의식을 가지고 그들의 인격과 역할을 존중함으로써 자발적인 참여의 풍토를 만들어 가야 한다.

다. 조합장은 민주주의 정신이, 권위주의적인 군림이나 획일성에 있지 아니하고 개개인의 의견과 창의를 넓게 포용하는 다양성에 있음을 깊이 인식하고 민주적인 경청과 토론을 활발하게 하여, 그것이 조합에서 있어 힘의 원천이 되도록 다져 가야 한다.

라. 조합장은 법과 정관 및 규정을 준수하고 나의 지식, 경험, 전 인격을 동원하여 모든 면에서 치우침이 없이 공명정대하게 조합의 살림을 꾸려 가야 하고, 조합장의 의견이나 조언을 개진하거나 칭찬이나 질책을 할 때는 숨김이 없이 즉시에 구체적으로 공정하게 하여야 할 것이다.

마. 협동조합의 환경조건은 하루가 다르게 변하고 발전하고 있다는 것을 염두에 두어 조합원과 임직원 그리고 지역사회 구성원의 욕구도 변한다는 사실을 인식하여, 조합의 경영은 항상 개혁이 필요하고 이에 따라 최고 전문경영인으로서 부단한 창의와 성장이 있어야 한다.

그리고 신념과 능력 있는 조합장 및 지역사회의 지도자로서 꾸준한 자기성찰과 자기개혁을 생애의 작업으로 알고 노력하고 또 노력해야 한다.

## ② 상임이사, 전무, 상무 등 간부직원

가. 총회와 이사회에서 결정된 전반적인 경영방침에 따라 구심점인 조합장을 보좌하여 조합경영의 성과를 높여 가야 할 전문 경영인으로서의 위치와 역할에 대하여 책임과 긍지를 가지고 있어야 한다.

나. 조합의 장·단기 사업계획과 수지예산 편성 등의 중요사항은 최종적으로 총회에서 결정되지만 계획수립 작업은 사실상 간부직원들에 의해 이루어진다.

그러므로 전문경영인으로서 소신 있게 업무를 추진할 것이며,

일상적인 조합업무의 관리는 물론이고 잘못된 관리에 대한 실질적인 책임은 다른 사람이 아닌 바로 자신들에게 있음을 깊이 새기고 있어야 한다.

다. 위로는 조합원, 조합장, 감사, 이사, 아래로는 부하직원과 옆으로는 유관기관 사이에서 자리를 잡고 있기 때문에 누구보다도 조합의 업무와 조합 내외의 상황에 대하여 잘 알고 있어야 한다.

그러므로 항상 정당한 사유가 없는 한, 일관되게 상황과 정보를 공개하여야 할 것이며, 상하좌우의 원활한 언로의 틈에서 오해와 갈등을 사전에 예방하여 생산적인 업무추진의 기반을 튼튼하게 만들어야 한다.

라. 훌륭한 조직은 훌륭한 인재들의 모임에서 비롯된다는 것을 누구보다 더 잘 알고 있어야 한다. 부하의 육성은 동반자적인 의식을 가지고 조합 전체 구성원의 삶의 터전을 발전시켜 나간다는 생각으로 가꾸어 가야 하는 것이 사명이다. 부하를 인간적인 측면과 일의 측면에서 과학적, 계획적으로 지도해야 한다.

'부하는 상사를 모방한다', '사람을 만들기 전에 먼저 자기 자신을 만들라.'는 말을 명심하여 부단한 자기성찰로 훌륭한 모범을 보임으로써 인재육성의 조직풍토를 일구어 나아가야 한다.

마. 확고한 신념을 갖되 참여와 토론, 경청과 수용, 자율과 협동을 존중하고 실천하는 민주적이고 협동정신에 투철한 관

리자가 되어야 한다.

그러기 위해서는 사람을 통하여 생산성을 향상시킨다는 현대적 경영관리의 기본을 넓게 섭렵해 가야 한다.

'그 조직의 수준은 관리자의 수준을 능가할 수 없다.'는 명제를 명심하고 관리능력 향상에 항상 정력을 기울여야 할 것이다.

조합의 상임이사를 모집하는 공고문에 보면, 대체적으로 첫머리에 "조합 경영의 전문화를 위해 아래와 같이 탁월한 경영능력을 갖춘 유능한 전문경영인을 초빙합니다." 이렇게 씌어 있다.

그런데, 현실적으로 최종 선발된 상임이사는 공고문에 적힌 전문경영인이 아니라는 것이 문제이고, 아이러니컬한 것은 분명히 서류를 제출한 사람들 중에는 전문경영인이 있다는 것이다. 그런데도 불구하고 '그 전문경영인을 선발하지 않는다.'


## (5) 농협 출신 원탁의 CEO, 서두칠의 경영방식

### 첫째, 한국형 경영이다.

경영의 무대가 한국이고 경영의 중심인 사람이 한국인이니, 그에 맞는 경영을 펼쳐야 한다.

이것을 심(心), 정(情), 기(氣)의 경영이라 부른다. 마음을 움직이고[心], 따뜻한 정을 나누며[情], 기를 발휘할 수 있게 해줘야 한다[氣]는 것이다.

한국전기초기 시절, 서두칠은 상황의 심각성을 깨닫고는 구미에 16평짜리 아파트를 구해 직원들과 함께 먹고 자고 했다. 집은 서울이었지만, 출퇴근을 할 수도 없는 노릇이고 회사가 어려운데 자신만 넓은 집에서 호화롭게 살 수 없다는 지론 때문이었다.

서두칠의 그런 면은 '정'과 '인간애'를 중시하는 한국형 경영의 전형적 사례라고 할 수 있다.

**둘째, 열린 경영이다.**

단순히 경영정보의 공개를 의미하는 것이 아닌 조직의 모든 구성원이 서로를 존중하고 인정하며, 서로 신이 나서 해가 지는 줄도 모르고 일할 수 있는 분위기를 만드는 것이 바로 그가 주장하는 열린 경영이다.

그는 열린 경영을 실현하기 위해 매주 두 차례씩 모든 임원과 팀장을 모아 놓고 오전 7시부터 한 시간 넘게 회합을 하고, 매달 정기적으로 전 사원을 대상으로 경영현황 설명회를 가졌다고 한다.

또 조직문화를 수직적인 분위기에서 수평적으로 바꾸기 위해 사각회의탁자를 원탁으로 바꾸기도 했다. 그때부터 사람들은 그를 원탁의 CEO라고 부르기 시작했다고 한다.

**셋째, 솔선수범이다.**

전문경영인의 솔선수범은 서두칠 경영철학의 키워드 중에서도 가장 핵심적 항목이다. 전문경영인으로서 그의 성공은 8할이 솔선수범에서 나왔다고 해도 과언이 아니다.

그의 솔선수범은 손으로 헤아리기도 부족하다. 월급반납사건, 휴일에 가장 먼저 출근하는 일, 불합리한 채무를 해결하기 위해 법정출두도 마다 않는 일 등 그의 삶은, 솔선수범 그 자체라고 한다.

정치력보다는 기본으로 승부하는 이 시대의 진정한 전문경영인, 서두칠을 벤치마킹하라!

자신을 전문경영인이라고 소개하는 서두칠 부회장이 말하는 월급사장과 전문경영인의 차이는 무엇일까?

같은 월급을 받으면서도 창업주나 1대주주뿐만 아니라 단 1주를 가진 소액주주의 이익까지 생각하고, 고객에게는 가장 좋은 품질의 제품을 가장 싼 가격으로 공급하기 위해 최선을 다해야 한다.

내부고객 즉 직원들의 고용안정과 복지실현을 위해 온 힘을 바치는 것은 물론 기업의 사회적인 책임과 사명을 다하기 위해 자신의 비전과 철학을 가지고 일하는 사람을 전문경영인이라고 부른다.

이렇게 깐깐한 기준은 스스로에게도 적용된다. 실제로 서두칠 부회장이 개혁에 성공한 이유는 다름 아닌 '기본을 지켰기 때문'이다. 이 시대의 진정한 전문경영인 서두칠이 책에서 밝힌, 전문경영인의 덕목이다.

그는 정직과 솔선수범, 그리고 평생학습의 정신을 꼽는다. 이것은 그 자신이 평생 견지해 온 삶의 철학이기도 하다.

첫째, 정직은 경영인 개인의 도덕적 관점에서뿐만 아니라 회사경영에 대해서 회사의 이해관계자들에게 허위가 없어야 한다. 이로써 열린 경영과 윤리경영이 가능해진다.

둘째, 솔선수범은 군림함으로써 불신을 초래하고 그 불신 때문에 조직의 역량을 와해시켰던 구시대 경영인의 약점을 보완해 줄 것이다.

셋째, 대화와 독서 등을 통한 평생학습 습관과 부단한 정보 수집이야말로 전문경영인에게 필수 불가결한 요소다. 정보화 시대에는 끊임없는 학습만이 바른 판단 능력을 보장해 주기 때문이다.


## (6) 행복 에너지와 긍정 에너지

조합의 전문경영인은 누구보다도 더 행복한 에너지와 긍정의 에너지가 반드시 필요하다. 이것은 자신을 위해서도 그렇겠지만 조합의 최고경영자와 농어촌 지역의 컨트롤 타워로써의 역할을 충실하게 잘하기 위해서도 필수불가결한 요소이다.

'행복 에너지'는 긍정적으로 세상을 보는 사람들이 삶의 어려움에 대처하는 방식으로서, 삶의 난관에 맞닥뜨렸을 때마다 꺼내 들고 미래의 올바른 방향을 가늠해 볼 수 있는 인생의 길잡이 역할을 해 줄 것이다.

이 행복 에너지의 긍정훈련 과정은 예행연습, 워밍업, 실전, 강화, 숨고르기, 마무리 총 6단계로 나뉘어 있다. 각 단계별로 전문경영인 스스로가 변화를 느낄 수 있도록 꾸준하게 최소한 2개월 정도 직접 실천하는 것이 중요하다.

이것에 대한 구체적인 내용은 '출판사 행복에너지'의 권선복 대표가 쓴 『행복에너지』라는 책을 참고하길 바란다. 하루 5분만 투자해 한 단락씩 두 달 정도 읽으면서 따라 하다 보면 자신에게 긍정의 최면을 걸게 되고 위풍당당하게 변화된 자기 자신을 느끼리라 믿어 의심치 않는다.

'긍정 에너지'는 "미음먹은 대로, 이 세상을 살아가세 하는 힘!"이다. 문명의 발달로 우리의 삶은 더할 나위 없이 편안해졌지만, 일상은 오히려 한층 더 지루해졌고 사람들은 점점 나약해져 간다.

그래서 조금이라도 힘겨운 상황을 맞이하게 되면 큰 불행이 닥친 것처럼 느끼기 마련이다. 또 성공은 늘 요원해 보이고, 행복한 삶은 멀리 있는 것만 같다. 그렇다면 어떻게 해야만 꿈과 목표를 성취할 수 있을까? 어떻게 이 힘겨운 세상에서 밀려오는 난관을 파도를 이겨 내고 눈부신 희망과 행복으로 가득한 삶을 영위할 수 있을까? 이런 딜레마에 봉착할 수 있다.

이때 수많은 난관을 극복하고 행복한 삶을 성취한 사람들만의 특별한 비결과 성공비결을 보면, 하나같이 행복을 거머쥐기 위해 반드시 갖춰야 할 자세인 '긍정'의 힘이 얼마나 큰지를 역설하고 있다. 그것을 찬찬히 들여다보면 하나의 공통분모를 읽어 낼 수 있다.

그것은 바로 어떠한 환경에서도 시련에 굴복하지 않고 도전을 멈추지 않았다는 점이다. 일생의 목표를 하나 정하고 흔들림 없이 나아가는 과정에서 반드시 필요했던 것은 '긍정의 마인드'였다.

"자신의 능력과 자신이 정한 길에 대한 굳건한 믿음, 아무리 힘겨워도 웃을 수 있는 밝은 마음이야말로 이 험난한 세상을 이겨 나가게 하는 가장 큰 무기였다."는 것이다.

삶은 목표를 어디에 두고 얼마만큼 노력하느냐에 따라 다양한 결과를 가져온다. 그 결실은 행복이나 성공이 될 수도 있고 불행이나 절망이 될 수도 있다. 이를 가름하는 중요한 요소가 바로 '긍정적인 마음가짐'이다.

그래서 조합의 전문경영인은 행복의 에너지와 긍정의 에너지를 가지는 것이 반드시 필요하고도 중요한 요소이다. 그래서 이러한 에너지를 충만하게 충전하기 위한 노력도 해야겠지만, 이것을 조합과 농어촌 지역에 아낌없이 팍팍 나누어 주기 위해서 더 많은 노력을 기울여야 할 것이다.

# 제7장

# 맺음

미래의 새로운 가치로 부각되고 있는 농어촌에 대한 재창조가 필요하다. 이를 위해 농어촌 지역의 컨트롤 타워 역할을 잘할 조직이 조합이라는 것이며, 이를 제대로 하기 위해서는 조합이 역량을 갖춰야 한다.

그것은 조합이 지속가능한 경영을 해야 한다. 책임경영제에 의한 전문경영인이 필요하고 조합의 진정한 개혁이 필요하며 개혁을 위해서는 구성원 모두가 의식을 전환해야 한다.

이것은 근본적으로 장기적인 시간과 노력이 필요하지만, 단기적이고 효율적이며 가장 현실적인 방법으로서 조합원의 대표인 조합장부터 의식개혁을 하고, 장기적이고 점진적으로 전 구성원까지 이를 확대해야 한다.

그동안 조합들이 하나같이 온갖 비리와 부패의 온상이라는 오명과 얼룩을 가지게 한 장본인이 바로 조합장들이기 때문에, 이에 대한 책임을 지기 위해서라도 개혁을 하는 중심부에 서야 한다.

한편으로 그동안의 폐단은 조합원들이 다 같이 큰 조직의 경영에 대해 비전문가들이기 때문에 불가피하게 조합원의 대표인 조합장에게 경영권을 줄 수밖에 없었던 탓도 있다. 하지만 이러한 것을 위한 대비책으로 이제는 책임경영제가 법적으로 도입되었다. 그런데도 실효를 거두지 못하는 이유가 이 제도의 핵심요지인 "소유와 경영의 분리"를 형식적으로만 해서 운영되기 때문이다.

그러니, 먼저 이 형식적인 것을 실질적으로 개혁하자는 것이다. 이것 하나만이라도 확실하게 하는 것이 지금 당장 매우 필요하고도 중요하다. 이를 위해 조합장들이 가능한 한 조속히 의식을 전환하고 제대로 개혁을 해서, "진정한 책임경영 체제가 되게 해야 한다."

결론적으로 일반기업과 같이, 조합의 전문경영인은 최고경영자로서 그 직명을 대표이사로 바꿔야 한다. 그리고 이 대표이사는 외부의 전문기구[객관적으로 공인된 기관에서 면접관 전문교육도 받고, 전문경영인을 분석하고 평가해서 제대로 선발할 수 있는 역량의 전담기구(TF팀)]에 위탁해서 선발하고, 단지 대의원 총회에서만 해임하는 것으로 바꾸어야 한다.

조합장은 조합원의 대표이고 비상임이며 명예직으로써, "경영에는 일절 관여하지 못한다."는 규정과 함께 조합장의 확고한 의지가 반드시 필요하다.

그러면 자연스럽게 탁월한 경영능력을 갖춘 유능한 전문경영인이 선발된다. 조합장은 농어촌지역의 어르신으로서 조합원의 대표이기도 하기 때문에 존경받고 명예로운 역사적 인물이 되며, 훌륭한 지도자가 될 것이다.

## 1. 인용한 고사

### • 유능제강(柔能制剛)

: 부드러운 것이 능히 강하고 굳센 것을 누른다. 어떤 상황에 대처할 때 강한 힘으로 억누르는 것이 이기는 것 같지만 부드러움으로 대응하는 것에 당할 수는 없다는 뜻이다.

또 작은 물방울이 모여 돌을 뚫듯 아무리 힘든 일이라 하더라도 끊임없이 노력하면 이룬다는 의미도 있다. '부드러운 것이 능히 단단한 것을 이기고 약한 것이 능히 강한 것을 이긴다(柔能制强 弱能勝强).' 병법(兵法)을 적은 책인 『황석공소서』에 나와 있는 말이다.

병서(兵書)인 '삼략'에는 이런 대목이 있다. "군참(軍讖)에서 이르기를 '부드러움은 능히 굳셈을 제어하고(柔能制剛) 약한 것은 능히 강함을 제어한다. 부드러움은 덕(德)이고 굳셈은 적(賊)이다. 약함은 사람들의 도움을 받고 강함은 사람들의 공격을 받는다."

'군참'이란 전쟁의 승패를 예언적으로 서술한 병법서다. 이와 비슷한 말이 노자(老子)에도 더러 실려 있다.

## • 주경야독(晝耕夜讀)

: 낮에는 농사일을 하고 밤에는 글을 읽는다는 뜻으로, 어려운 여건 속에서도 꿋꿋이 공부함. 출전 魏書(위서).


## • 형설지공(螢雪之功)

: 반딧불과 눈빛으로 글을 읽어 이룬 공. 중국 晉(진)나라 車胤(차윤)이 반딧불로 글을 읽고 孫康(손강)이 눈빛으로 글을 읽었다는 옛일에서 유래했다. 가난으로 고생을 하면서 공부하여 얻은 보람을 뜻한다.

後晋(후진)의 李瀚(이한)이 지은 『蒙求(몽구)』라는 책에 나오는 이야기로, "孫康(손강)은 집이 가난해서 기름 살 돈이 없었다. 그는 항상 눈빛으로 글을 읽었다. 그는 젊었을 때부터 淸廉潔白(청렴결백)해서 친구를 사귀어도 함부로 사귀는 일이 없었다. 뒤에 御史大夫(어사대부: 감찰원장)에까지 벼슬이 올랐다.""진나라 車胤(차윤)은…. 집이 가난해서 기름을 구할 수 없었다. 여름이면 비단 주머니에 수십 마리의 반딧불을 담아 글을 비추어 밤을 새우며 공부를 계속했다. 그는 마침내 吏部尙書(이부상서: 내무장관)에까지 벼슬이 올랐다." 이 이야기에서 苦學(고학)하는 것을 가리켜 '螢雪(형설)'이니 형설지공이니 말하고 공부하는 書齋(서재)를 가리켜 '螢窓雪案(형창설안)'이라고 한다. '반딧불 창에 눈 책상'이라는 뜻이다.

• "충언은 듣기 싫지만 행함에는 도움이 되고 좋은 약은 입에 쓰지만 병에는 도움이 된다.(忠言逆耳利於行 毒藥苦口利於病 · 충언역이리어행 독약고구리어병)."

: 이것은 『한비자』에 실려 있는 글이다.

역시 유방의 고사로, 아방궁의 호화로움에 취해 안주하려는 유방에게 참모 장량이 신하들의 충언을 듣기를 권하며 했던 말이다. 역사가들은 유방이 압도적인 열세를 딛고 항우를 이길 수 있었던 비결로 신하들의 충고를 잘 받아들였던 것을 들고 있다.

하지만 역으로 생각해 보면 이처럼 귀에 거북한 충고를 탁월한 비유로 말할 수 있었던 신하가 있었기에 유방의 리더십이 빛을 발할 수 있었다.

충고는 어떤 상대에게도 하기 어렵다. 특히 윗사람에게는 더욱 그렇다. 하지만 해야 할 때는 반드시 해야 한다. "모르면서 말하는 것은 무지함이고 알면서 말하지 않는 것은 불충이다."

거짓말을 하는 것만이 속이는 것이 아니다. 부하로서 반드시 해야 할 말을 하지 않는 것도 역시 속이는 것이다.


• 역린지화(逆鱗之禍)

: 『한비자』의 '세난' 편에 군주에게 유세할 때 주의해야 할 것을 설명하면서 역린지화라는 말을 소개하고 있다.

그 내용은 이렇게 시작된다. "용이란 동물은 본성이 착해서 잘 길들이면 그 등에 타고 다닐 수 있을 정도로 온순하다. 하지만, 자신의 목 근처에는 길이가 한 자나 되는 거꾸로 난 비늘이 있으니 이것이 역린이다. 만일 이것을 건드리는 자가 있으면 용은 반드시 그 사람을 죽여 버린다. 군주에게도 이 역린이 있으니 임금에게 유세하려는 사람은 이 역린을 건드리지 말아야 한다."

역린은 오늘날로 치면 콤플렉스라고 할 수 있을 것이다. 우리가 흔히 하는 말로 '아픈 곳'이다. 또한 왕의 자존심도 역린이라고 할 수 있다. 자신이 가진 권력으로 무엇이든지 할 수 있기에 자존심이 상했을 때 절제하기 어려운 것이다.

또 한 가지 역린은 군주가 가진 신념과 주관이다. 만약 명예를 중시하는 군주의 명예를 해쳤거나, 재물을 소중히 하는 군주에게 손해를 끼쳤다면 그 사람은 죽음을 각오해야 한다.

• 화룡점정(畵龍點睛)

: 용을 그리고 마지막으로 눈동자를 찍어 넣다.

즉 일의 마무리를 완벽하게 끝낸다는 뜻으로, 가장 핵심이 되는 부분을 마무리함으로써 일을 완벽하게 마친다는 뜻을 갖는다.

이 말의 원천은 옛 고사에 있다. 중국 남북조시대(南北朝時代) 양나라에 장승요라는 인물이 있었다. 장군과 태수 등의 벼슬을 지낸 그는 이후 사직하고 오직 그림만을 그리고 있었다. 그러던 어느 날 안락사란 절에서 절 벽면에 용을 그려달라는 부탁을 받았다.

장승요가 붓을 든 후 시간이 갈수록 하늘로 솟아오르려는 용들의 모습이 선명하게 드러났다. 사람들은 그 솜씨에 감탄을 아끼지 않았다. 그런데 이상한 일이었다.

그림이 완성된 후에도 용의 눈이 없었던 것이다. 이상하게 여긴 사람들이 그에게 물었다. 그러자 장승요는 이렇게 대답했다.

"눈을 그려 넣으면 용은 하늘로 날아가 버릴 것이오."

그러나 사람들은 믿지 않았고 용의 눈을 그려 넣을 것을 재촉했다. 결국 장승요는 그 가운데 한 마리의 용에 눈을 그려 넣었다. 그러자 이게 웬일인가? 갑자기 벽면을 박차고 솟아오른 용 한 마리가 구름을 타더니 하늘로 날아가는 것이었다.

깜짝 놀란 사람들이 정신을 차린 후 벽을 바라보자 날아간 용의 자리는 빈 공간으로 남아 있는 반면 눈을 그려 넣지 않은 다른 용들의 그림은 그대로 남아 있었다. 이때부터 중요한 일의 마지막 마무리를 해 넣는 것을 화룡점정(畵龍點睛)이라 부르게 되었다.

• 시정조치(是正措置, Corrective Action)
: (1) 발견된 부적합 또는 잠재적으로 바람직하지 않은 불안

요소의 원인을 제거하기 위한 조치. 실패의 재발을 방지하기 위하여 취해진다.

(2) 관리도에서 관리 한계선을 벗어나는 점이 발견되거나 관리 상태라고 보기 어려운 경우, 공정에 이상 요인이 있는지를 알아보고 이를 찾아 원인을 제거하기 위하여 강구되는 수단.


• **점입가경**(漸入佳境)

: '가면 갈수록 경치(景致)가 더해진다.'는 뜻으로,  일이 점점 더 재미있는 지경(地境)으로 돌아가는 것을 비유(比喩·譬喩)하는 말로 쓰임.

이 말은 『진서(晉書)』「고개지전(顧愷之傳)」에 전한다. 고개지는 감자(甘蔗: 사탕수수)를 즐겨 먹었다. 그런데 늘 가느다란 줄기 부분부터 먼저 씹어 먹었다.

이를 이상하게 여긴 친구들이, "사탕수수를 먹을 때 왜 거꾸로 먹나?" 하고 물었다. 고개지는, "갈수록 점점 단맛이 나기 때문[漸入佳境]이다." 하고는 태연하였다.

이때부터 '점입가경'이 경치나 문장 또는 어떤 일의 상황이 갈수록 재미있게 전개되는 것을 뜻하게 되었다고 한다. 줄여서 자경(蔗境) 또는 가경(佳境)이라고도 한다.

## • 타산지석(他山之石)

: 남의 허물이나 언행을 교훈으로 삼는다는 뜻.

이 말은 『시경(詩經)』, 「소아편 학명(鶴鳴)」에 나오는 다음과 같은 시의 한 구절이다.

'즐거운 저 동산에는 (樂彼之園 낙피지원) 박달나무 심겨 있고 (爰有樹檀 원유수단) 그 밑에는 닥나무 있네 (其下維穀 기하유곡) 다른 산의 돌이라도 (他山之石 타산지석) 이로써 옥을 갈 수 있네 (可以攻玉 가이공옥)' 돌을 소인에 비유하고 옥을 군자(君子)에 비유하여 군자(君子)도 소인에 의해 수양과 학덕을 쌓아 나갈 수 있음을 이르는 말.


## • 반면교사(反面敎師)

: 다른 사람이나 사물의 부정적인 측면에서 가르침을 얻는 다는 뜻. 1960년대 중국 문화대혁명 때 마오쩌둥이 처음 사용한 것으로 전해진다.

마오쩌둥은 부정적인 것을 보고 긍정적으로 개선할 때, 그 부정적인 것을 '반면교사'라고 하였다. 이는 혁명에 위협은 되지만 사람들에게 교훈이 되는 집단이나 개인을 일컫는 말이었다.

반면교사와 타산지석은 표면적으로는 뜻이 비슷하지만 쓰임새에 차이가 있다. 타산지석은 작고 하찮은 대상이나 나와 관계가 없어 보이는 일이더라도 참고하여 자신의 인격을 수양하는 데 도움을 얻는다는 것이고, 반면교사는 다른 사람의 잘

못된 일과 실패를 거울삼아 나의 가르침으로 삼는다는 뜻이다. 그러나 최근에는 모두 '부정적인 대상을 통해 교훈을 얻다'는 의미로 흔히 사용된다.


• 운칠기삼(運七技三)

: 사람이 살아가면서 일어나는 모든 일의 성패는 운에 달려 있는 것이지, 노력에 달려 있는 것이 아니라는 말. 우공이산(愚公移山)과 반대되는 말이고, 이 말은 중국의 괴담문학인 요재지이(聊齋志異)에서 유래된 말. 세상일은 사람의 노력만 가지고는 이룰 수 없다는 뜻.


• 바람과 해님

: 이솝 우화로써, 어느 날 바람과 해님이 만난다. 둘은 서로 자기가 힘이 세다며 실랑이를 벌이게 된다. 그때 그쪽을 지나가던 나그네가 있어 바람과 해님은 나그네의 코트를 먼저 벗기는 쪽이 이기는 거라며 시합을 하게 된다.

바람은 자신이 먼저 하겠다며 나그네를 향해 힘껏 바람을 분다. 그러자 나그네는 코트가 날아갈까 봐 더욱 코트를 꽉 움켜쥐고 몸을 웅크리게 되었다. 한참을 힘쓰던 바람이 해님에게 네가 해 보라며 한발 물러선다. 해님은 나그네에게 햇살을 내리쬐기 시작한다.

좀 전까지 코트를 움켜쥐고 있던 나그네는 갑자기 더워지자 코트를 벗으며 땀을 닦게 된다. 결국 바람과 해님의 실랑이는 해님의 승리로 돌아가게 된다.

• 득시무태(得時無怠)

: 제때를 만나면 놓치지 말아야 한다. 늦다고 생각하는 때가 가장 빠른 때다.

이 말은 『사기(史記)』, 「이사열전(李斯列傳)」에 나오며, 진(秦)나라 통일의 주역이었던 이사(李斯, ?~208)는 중국 역사의 많은 재상(宰相) 가운데에서 가장 큰 업적을 남긴 이로 꼽을 수 있다.

젊은 시절 지방의 말단 관리였던 이사는 "제때를 만나면 놓치지 말아야 한다."라고 하며, 당시 전국(戰國)시대의 어지러운 세상에서 기회를 잘 타 권력의 자리에 오를 수 있었다.

이사는 진(秦)왕을 도와서 그때까지 5백여 년 동안 이어오던 중국의 분열 양상을 종식하였고, 분서갱유(焚書坑儒), 문자(文字)와 도량형 통일과 같은 정책을 시행하여 오늘날까지 중국의 한(漢)문화가 이어올 수 있도록 기틀을 세웠다고 평가할 수 있다.

## 2. 개혁의 세계 명언

- 세상의 악은, 특권에서 나온다. (존 스티븐스)

- 개혁은 악폐의 시정이요, 혁명은 권력의 이동이다. (벌워 리튼)

- 개혁은 최고의 두뇌에서 시작하여, 민중에게로 내려간다.
  (클레멘스 메터니히)

- 개혁은 내부에서 이루어지는 것이지, 외부에서 가져오는
  것이 아니다. (E. 가번)

- 참된 개혁가는 악을 증오할 뿐 아니라, 그 자리를 선으로
  채우고자 노력할 것이다. (C. 시몬스)

- 남이 하는 것을 보고 모방하는 일은 누구나 다 할 수 있지
  만, 다른 사람이 하기 전에 먼저 개혁하는 일은 아무나 할
  수 있는 일이 아니다. (콜롬버스)

- 모든 용기 있는 탐험가와 개혁가들은 세상 사람들로부터
  정신이 돈 사람이라고 따돌림을 당하는 운명을 가졌었다.
  (죠지 차버)

- 양심이 마음에 엄숙하게 명하고 있는 그 귀중한 개혁을 연
  기한다는 것은 혹독한 절망에 영원히 갇히고 마는 것이다.
  (존 포스터)

- 가난한 자는 궁핍 때문에 개혁하고 부자들은 싫증이 나서 개혁한다. (타키투스)

- 세계는 각 사람이 자기의 행위를 개선시킴으로써 더 좋은 세상이 된다. 그러므로 어떤 개혁도 한꺼번에 되는 것이 아니다. (W. A. 화이트)

- 죄악의 고통은 때때로 교정과 개혁에의 자극제로써 매우 귀중하다고 할 수 있다. (죤 포스터)

- 사람은 아침에는 개혁자가 되고, 밤에는 보수주의자가 된다. 개혁은 긍정적인데 반해 보수주의는 부정적이며, 후자는 안락을 찾으나 개혁은 진리를 찾는다. (R. W. 에머슨)

- 자기를 개혁하는 사람은 떠들기만 하는 무능한 애국자의 무리보다 대중을 개혁하는 데 더 많은 공헌을 하였다. (라바테르)

- 지옥에서 가장 뜨거운 자리는 정치적 격변기에 중립을 지킨 자들을 위해 예비되어 있다. 기득권은 중립이 아니다. 암묵적 동조다. (단테)

- 개혁은 적극적이며 보수는 소극적이다. 전자는 진리를 목표로 하고, 후자는 안녕을 목표로 한다. (R. W. 에머슨)

- 많은 개혁은 그 개혁자와 함께 숨을 거두었다. 그러나 우

리의 위대하신 개혁자는 그의 개혁을 수행하시기 위하여 '항상 살아 계신다.' (D. L. 무디)

- 모든 개혁은 가난을 통하여 인내심 많고 헌신적인 사람들의 힘겨운 등에 업혀 우리에게 이르렀다. (A. E. 스티븐슨)

- 사회 개혁에 있어서 영속적인 발전 중 모든 단계마다 이해력과 의지력에 호소하여 확인을 받지 않고 된 일은 없었다. (윌리엄 매튜즈)

- 썩고 오래된 집에 흰 회칠을 하는 것과 집을 헐고 그 자리에 새 집을 짓는 것이 다르듯이 단순한 외적인 개혁도 재생과는 다르다. (A. 토플레디)

- 자신을 개혁한 사람은 남을 개혁하는 데도 많은 공헌을 한 것이다. 각 개인이 남이 먼저 개혁해 주길 바랄 뿐 스스로 실행하지 않기 때문에 세상의 개선이 어려워지는 것이다. (토마스 아담스)

- 종교 개혁가들에게는 대담성과 모험정신이 있는데 이를 인간들의 목적과 행위를 통제하는 일반적인 규칙으로 잴 수는 없다. (다니엘 웹스터)

- 종교개혁의 기본적인 대 원칙은 창조주요, 재판장이신 하나님에 대한 인간 영혼의 개인적 책임이었다. (탈보트 윌슨 챔버스)

- 죄악의 고통은 때때로 교정과 개혁에의 자극제로써 매우 귀중하다고 할 수 있다. (죤 포스터)

- 진실한 사회 개혁가는 복음의 충실한 전도자이며, 정말로 사회 완성에 능력 있는 유일한 단체는 그리스도의 교회밖에 없다. (실리)

- 참된 개혁은 물질적인 것이 아니다. 그것은 관점, 신념, 기개 등 내면에 있는 것이다. (P. f. 드러커)

- 개혁(改革)은 시간의 조화이다. 국민적인 취미 하나가 아무리 그릇된 것이라 할지라도 일시에 모든 것이 바뀔 수는 없는 것이다. (죠수아 레이놀즈)

- 개혁은 혁명만큼 두려워할 것이 아니다. 그것은 그 뒤에 오는 반동이 혁명 후보다도 훨씬 적기 때문이다. (다링)

- 바뀐 것은 없다. 단지 내가 달라졌을 뿐이다. 내가 달라짐으로써 모든 것이 달라진 것이다. (마르셀 프루스트)

- 외부의 변화가 조직 내부의 변화보다 크다면 최후가 가까워진 것이다. (잭 웰치)

- 위기가 중요한 이유는 도구를 바꿔야 할 때가 되었음을 암시하기 때문이다. (토머스 쿤)

- 늙는다는 것은 세상의 규칙을 더 이상 바꾸려고 노력하지

않는 것이다. (장 그르니에)

- 버릴 수 있는 용기를 가지고 있는지에 따라 성공과 실패가 좌우되고, 몇 년은 괜찮다는 생각이 들 때가 바로 버릴 때이다. (이부카 히토시, '소니 창업자')

- 오늘의 문제(問題)는 어제의 해법(解法)으로 해결할 수 없다. 진정한 발견(發見)은 새로운 것을 찾는 것이 아니라, 새로운 눈으로 보는 것이다. 관점을 변화시킴으로써 평범한 것을 비범하게 만들 수도 있고, 특별한 것을 진부하게 만들 수도 있다. (INNOVAN Consulting 그룹, 김명룡 박사)

- 우리 시대의 고민은 앞으로 다가올 미래가 과거와 다르다는 데 있다. (폴 발레리, '프랑스 시인')

- 좋은(good) 것은 위대한(great)것의 적. (짐 콜린스, 『좋은 기업에서 위대한 기업으로』의 저자)

- 흘러간 물은 방아를 돌게 할 수 없다. (드렉스)

- 양심은 스스로 돌아보아 부끄럽지 않다는 자각을 갑옷 삼아, 아무것도 두렵게 하지 않는 좋은 친구다. (알리기에리 단테)

- 양심은 어떠한 과학의 힘보다도 강하고 현명하다. (라데이러)

- 너의 양심에 따라 행동하라. (피히테-Fichte, J.G.)

* 선한 양심은 일 년 내내 크리스마스가 지속되는 것이다.
（B. 프랭클린）

• 자기를 양보할 줄 아는 사람은 중요한 자리에 오를 자격이 있으며, 이기기만 좋아하는 사람은 반드시 적을 만나게 된다. （『연행록』 중에서）

• 부드러운 것이 강한 것을 이긴다. （柔能制剛） （노자）

• 정치라는 것은 바로잡는 것이다. 그대가 바르게 통솔하면 누가 감히 올바르지 않겠는가. （政者正也, 子帥以正, 孰敢不正） （『논어』 중에서）

• 큰일을 할 군주에게는 반드시 자기가 함부로 다루지 못하는 버거운 신하가 있어야 한다. （맹자）

• 새 옷을 입으려면 먼저 입고 있는 옷을 벗어야 하듯이 개혁을 하려면 먼저 기득권을 내려놓아야 한다.

• 개혁에서 권력자가 가진 것을 내놓으면 양보가 되지만, 반대 입장에서는 패배가 되는 것이다.

• 시대의 흐름을 따라가지 못하는 사람은 바로 여명이 오는데도 촛불에 의지하고 있는 것이다.

• 세월에 저항하면 주름이 생기고, 세월을 받아들이면 연륜이 생긴다.

- 지도자는 사람을 알아볼 수 없으면 안 되고, 알아보지만 임용할 수 없으면 안 되고, 임용할 수 있지만 신임할 수 없으면 안 되고, 신임할 수 있지만 간여하도록 하면 안 된다.

- 족(足)함을 모르는 사람은 아무리 부자여도 가난하다.

- 적재적소(適材適所)는 사람이 먼저고, 적소적재(適所適材)는 일이 먼저다. 일을 먼저 생각하고 사람을 정하는 것이 맞다.

- 개혁이란 대부분의 사람에게 매력적인 선전 문구다. 누구나 현실에 만족하는 사람은 없기 때문에 새로운 변화의 약속은 늘 기대감을 안겨주기 마련이다.

- 변화를 위해서는 이를 가능케 할 경륜과 지혜와 준비가 필요하다.

- 개혁에는 대의와 공감이 있어야 한다. 대의 없는 정책은 정책이 아니다. 그렇다고 대의만 내세우면 공감을 얻을 수 없다.

- 자기 절제와 자기 통제를 모르고 사는 사람에게서 공동체 의식은 기대할 수 없다.

- 가진 사람들에겐 자제와 공동체 의식이, 덜 가진 사람들에겐 승복과 수혜자 의식이 요구된다.

- 버드나무 가지가 장작을 묶는다.

• 훌륭한 지도자는 능력 있는 사람을 골라 쓰고, 나쁜 지도
자는 말 잘 듣는 사람을 골라 쓴다.

# 집필후기

• • •

미래의 잠재력이 무궁무진하다고 하는 농어촌이 희망을 가지고 잘 살기 위해서는, 조합이 컨트롤 타워가 되어야 한다. 또 이에 걸맞는 조합이 되기 위해서는 해당하는 역량을 갖추어야 하고 건강해야 하며 지속가능한 조직이 되어야 한다.

이러한 조직이 되기 위해서는 탁월한 경영능력을 갖춘 유능한 전문경영인이 반드시 대표이사가 되어야 한다. 마지막으로 그러한 전문경영인을 제대로 선발하기 위해서는 꼭 외부의 검증된 기관이나 TF 팀을 만들어서 해야 한다.

• • •

80년대 초, 첫 직장으로 축협에 입사를 했고 지점장과 상무직을 끝으로 명예퇴직을 해서 농경제학 공부를 시작하였으며, 다시 농협의 상임이사로 근무했다. 또 시·군 농업회사법인의 대표이사도 하였으나 지금은 곰티재에서 반시감 농사와 바다 해설사로 일하니 농어업과 농어촌의 인연은 끝도 없이 계속 이어지는 것 같다.

원하는 대로 된다면, 그동안 만났던 모든 분들을 다시 만나서 추억을 얘기하고 막걸리 잔을 나누면서 '감사와 미안함'을 꼭 전하고 싶다.

⋯

현재와 미래의 조합장께는, 조합장이 공인(公人)이라는 사실을 절대로 잊지 말라고 신신당부 드리며, 전문경영인인 대표이사께는 전문가(Pro)로서의 품위를 단 한번이라도 잃지 말고 책임과 의무를 다하라!

♡ 꼭 부탁을 드립니다 ♡

한송이의

국화꽃을 피우기 위해

봄부터 소쩍새는

그렇게 울었나보다

- 인생의 가을쯤, 기해년 가을에, 가을의 시를♡

항상 새로운 관점에서 생각하라.

우리가 무엇이든지 성공하려는 본능과 성공할 수 있는 능력은 모두에게 있지만 새로운 사고를 하는 사람만 성공할 수 있다.

큰 아이디어는 주어진 딜레마의 한계에 복종하기보다는 규범에 도전하고 새로운 관점에서 생각하며 미래지향적으로 사고하는 사람들에게서 나온다.

가능성의 한계는 불가능의 경계를 넘어서야 정의할 수 있다.

- 아서 클라크(소설가)

## 참고 자료

정운진. "축협 경영자의 역량이 경영성과에 미치는 영향", 경북대 경영대학원 석사논문, 2000. 08.

서두칠. 『서두칠의 지금은 전문경영인 시대』, 김영사, 2006. 04. 20.

기획재정부. 협동조합 설립운영 안내서 "아름다운협동조합 만들기". 디자인나무. 2013. 1. 24.

서두칠. 『인간경영』, 엔타임, 2007. 05. 01.

권선복 외 32인. 『긍정에너지』, 행복한에너지, 2016. 02. 02.

권선복. 『행복에너지』, 행복한에너지, 2014. 12. 21.

축협 중앙회, "조합의 내일을 향한, 새로운 도전과 창조", 삼성인쇄, 1993.

축협종합개발원, "초임 조합장 반 교재", 1998.

석상우, "리더십 유형이 조직성과에 미치는 영향에 관한 실증연구", 경북대 경영대학원 석사논문, 1999.

축산종합연수원, "축산업협동조합론 조합문화창달운동", (서울 : 1993).

스티븐 코비, 『성공하는 사람들의 7가지 습관』, 김영사, 1994.

축협중앙회 기획조정실, "개혁의 함정과 성공조건", 축협중앙회, 1999.

축협중앙회, "고객 만족경영 마음먹기 달렸다", 대한인쇄, 1999.

축협중앙회 축산종합연수원, "중견직원반 교재(Ⅰ)", 1991.

김동원, 박혜진. "한국농촌경제연구원, 농정포커스", 2015. 12. 31.

황의식, 김정섭, 김미복, 김윤진, 오정태, "한국농촌경제연구원, 수탁 보고서", 2015. 12. 30.

박 경, "농촌발전을 위한 지역 역량강화 방안", 2007. 7.

김민찬, "펜앤드마이크", 2019. 03. 12.

아시아경제, "오피니언", 2013. 11. 08.

전슬기, "국민일보 기사", 국민일보, 2019. 11. 08.

박인규, "프레시안", 프레시안협동조합. 2019. 04. 26.

네이버, "국방과학기술용어사전", 지식백과, 2011.

박경철, "농협개혁 연속 인터뷰", 한국농정신문, 2019. 12. 23.

진주완, 정철, 류철, 『위키백과, 우리 모두의 백과사전』, 사계절, 2018. 10. 10.

김재민, "농식품 주간의 언론동향, 협동조합 운동체적 성격의 복원 필요", 농림수산식품교육문화정보원, 옥답 제67호, 2015. 2. 12.

조규덕, "전조합장이 현조합장·상임이사 고발", 영남일보, 2019. 5. 10.

김혜성, "신안군수협, 조합장 및 임직원 11명 단체로 횡령·배임 유죄...비리집단 오명", KNS뉴스통신, 2019.01.17.

조영탁. "조영탁의 행복한 경영이야기 메일링". 2019.

하루 5분 나를 바꾸는 긍정훈련

# 행복에너지

### '긍정훈련' 당신의 삶을 행복으로 인도할 최고의, 최후의 '멘토'

'행복에너지
권선복 대표이사'가 전하는
행복과 긍정의 에너지,
그 삶의 이야기!

**인터파크**
자기계발 분야 주간
**베스트 1위**

권선복 지음 | 15,000원

**권선복**

도서출판 행복에너지 대표
영상고등학교 운영위원장
대통령직속 지역발전위원회
문화복지 전문위원
새마을문고 서울시 강서구 회장
전) 팔팔컴퓨터 전산학원장
전) 강서구의회(도시건설위원장)
아주대학교 공공정책대학원 졸업
충남 논산 출생

책 『하루 5분, 나를 바꾸는 긍정훈련 - 행복에너지』는 '긍정훈련' 과정을 통해 삶을 업그레이드하고 행복을 찾아 나설 것을 독자에게 독려한다.
긍정훈련 과정은 [예행연습] [워밍업] [실전] [강화] [숨고르기] [마무리] 등 총 6단계로 나뉘어 각 단계별 사례를 바탕으로 독자 스스로가 느끼고 배운 것을 직접 실천할 수 있게 하는 데 그 목적을 두고 있다.
그동안 우리가 숱하게 '긍정하는 방법'에 대해 배워왔으면서도 정작 삶에 적용시키지 못했던 것은, 머리로만 이해하고 실천으로는 옮기지 않았기 때문이다. 이제 삶을 행복하고 아름답게 가꿀 긍정과의 여정, 그 시작을 책과 함께해 보자.

## 『하루 5분, 나를 바꾸는 긍정훈련 - 행복에너지』